U0188612

江苏省水生生物资源重大专项丛书

主编
徐　跑　张建军

江苏省沿海滩涂
生物调查与环境评价

主编 · 张明明
副主编 · 黄金田　李强　乔帼

JIANGSUSHENG YANHAI TANTU
SHENGWU DIAOCHA YU HUANJING PINGJIA

上海科学技术出版社

图书在版编目（CIP）数据

江苏省沿海滩涂生物调查与环境评价 / 张明明主编
. -- 上海 : 上海科学技术出版社, 2021.5
（江苏省水生生物资源重大专项丛书 / 徐跑，张建军主编）
ISBN 978-7-5478-5186-9

Ⅰ. ①江… Ⅱ. ①张… Ⅲ. ①海涂资源－海洋生物资源－调查报告－江苏②海涂资源－海洋生物资源－环境生态评价－江苏 Ⅳ. ①P745

中国版本图书馆CIP数据核字(2021)第095521号

江苏省沿海滩涂生物调查与环境评价
主　编　张明明

上海世纪出版（集团）有限公司
上 海 科 学 技 术 出 版 社　出版、发行
（上海钦州南路71号　邮政编码200235　www.sstp.cn）
浙江新华印刷技术有限公司印刷
开本 889×1194　1/16　印张 8.25
字数：160千字
2021年5月第1版　2021年5月第1次印刷
ISBN 978-7-5478-5186-9/S·215
定价：120.00元

《江苏省沿海滩涂生物调查与环境评价》

编委会

主　编

张明明

副主编

黄金田　李　强　乔　帼

编　委

张家林　吴秋仙　沈永龙　纪锦霖

陈　鹏　国丽媛　吕庭莉　陈　威

序

滩涂是重要的后备土地资源，具有面积大、分布集中、区位条件好和农牧渔业综合开发潜力大的特点。滩涂是水产养殖和农业生产的重要基地，是开发海洋、发展海洋产业的一笔宝贵财富。江苏省水生生物资源重大专项暨首次水生野生动物资源普查项目是原江苏省海洋与渔业局资源环保类重大专项，沿海滩涂水生野生动物资源普查是重大专项的子项目，由江苏省盐城工学院承担。

本项目自2017年正式启动以来，已有30余名科技人员参与，对江苏沿海的连云港、盐城和南通三市的滩涂进行了系统性的调查评价，形成了《江苏沿海滩涂生物调查与环境评价总报告》。内容全面、系统地总结了江苏沿海滩涂水生野生动物资源普查项目的研究成果，更新了江苏沿海滩涂的基础数据，反映了沿海滩涂水生野生动物的物种组成、资源量、分布格局、时空动态特征等；还对江苏沿海滩涂生态环境情况进行了详细概述，可为有效保护和合理利用水生野生动物资源提供详实、有效的数据支撑。

江苏沿海滩涂生物资源种类繁多，以软体类为主，其次为甲壳类、多毛类、腔肠类、棘皮类等，它们不仅具有一定的经济价值，还是滩涂生态系统的重要组成部分。识别生物资源是人们了解、研究利用和保护滩涂生物资源的基础。因此，通过对滩涂生物的调查与对环境的评价，不仅可以了解滩涂生物资源的现状及变化趋势，还可为滩涂合理开发和资源保护提供依据。

近年来在我国关于滩涂生物资源调查开展得很少，上一次江苏省滩涂生物资源调查是在20世纪90年代。盐城工学院的滩涂调查团队对江苏省沿海滩涂的11个断面进行生物资源调查，采集了大量的滩涂生物标本，并编写成书稿，为读者提供了江苏省沿海滩涂生物的相关知识，填补了江苏省滩涂生物资源分布的空白。

《江苏省沿海滩涂生物调查与环境评价》的出版，对于江苏沿海滩涂的规划与管理、滩涂产业结构的优化及滩涂生态环境的保护等具有重要的指导意义。让我们作出更多努力，为进一步推动沿海滩涂的开发和江苏沿海经济带快速发展作出更大贡献。

董金田

2019年12月6日

前　言

江苏省沿海滩涂资源的综合调查和开发利用，关系到沿海经济带的现代化建设，有利于推进沿海经济的快速发展。在这片陆海交接的狭长地带，自然条件复杂多变，动、植物资源丰富，具有巨大的开发潜力。

江苏省沿海滩涂面积广袤，约占全国沿海滩涂湿地总面积的1/4。其横跨连云港、盐城和南通三市，具有面积大、分布集中、区位条件好、农牧渔业综合开发潜力大等特点。丰富的沿海滩涂资源对于江苏省经济发展和生态环境保护工作而言有极大的促进作用。

为弄清江苏省沿海滩涂水生野生动物资源现状、科学评价滩涂水生野生动物资源以及建立沿海滩涂水生野生动物资源监测体系，盐城工学院调查团队自2017年正式启动了江苏省沿海滩涂水生野生动物资源普查项目。项目调查内容包括江苏省沿海滩涂底栖生物资源种类与分布、沿海滩涂表层沉积物质量评价两个部分。

生物调查部分，主要包括江苏省沿海滩涂底栖生物的种类组成及其数量分布规律。四个季度的生物调查结果显示，江苏省沿海滩涂生物种类以软体类为主，其次为甲壳类、多毛类、腔肠类和棘皮类；主要经济种类有文蛤、四角蛤蜊、泥螺等。此外，从空间上纵向对比发现，滩涂南部生物量普遍高于滩涂北部生物量。原因可能为，滩涂南部地质以泥沙为主，气候适宜，风浪较小，相较滩涂北部更利于底栖生物的生长发育。

环境调查方面，针对调查采集到的四个季度的沉积物样品，分析沉积物中主要污染物的含量水平与空间分布、解析其来源，并评价沉积物的环境质量状况，为本次滩涂生物调查提供理论基础；与该区域生物丰度分布相印证，为江苏省沿海滩涂合理利用和环境保护提供科学依据。

编　者

2019年12月于盐城

目　录

第一章 · 概论

第二章 · 江苏省沿海滩涂生物资源分布研究

第一章

概　论

江苏省沿海滩涂宽阔，面积居全国之首（图1-1），是江苏的土地后备资源，面积为65.2万 hm^2（978.09万亩），由潮上带、潮间带和辐射沙洲的潮间带组成，潮间带的面积为26.6万 hm^2（398.33万亩），占滩涂总面积的40.73%（表1-1）。潮间带是海洋生态系统和陆地生态系统的交错带。软体动物是潮间带重要的类群，具有很高的经济价值和生态价值，对潮间带的开发和保护尤为重要。2017年江苏省海洋环境质量公报中记录，沿海滩涂区总体处于亚健康状态：沉积物质量状况总体良好，动植物资源丰富，潮间带底栖生物资源稳定，滩涂植被存量基本保持稳定。

图1-1
江苏省沿海滩涂（连云港、盐城、南通）

表1-1　江苏沿海市、县拥有海涂土地资源数量表（单位：万亩）

总计	潮上带						潮间带	辐射沙洲
	合计	已围滩地			未围滩地			
		小计	已开发	未开发	小计	近期可围		
978.09	389.50	275.32	206.66	68.66	114.18	62.20	398.33	190.26
110.06	80.85	77.31	74.96	2.35	3.54		29.21	
34.62	21.96	20.49	18.79	1.70	1.47		12.66	
52.14	39.10	37.88	37.23	0.65	1.22		13.04	
23.30	19.79	18.94	18.94		0.85		3.51	
493.66	251.56	154.99	99.51	55.48	96.57	51.20	242.10	
42.59	37.49	34.60	33.49	1.11	2.89	1.00	5.10	
28.12	21.02	18.79	14.62	4.17	2.23		7.10	
109.70	76.00	41.03	27.88	13.15	34.97	9.00	33.70	
157.49	77.99	47.20	15.41	31.79	30.79	20.20	79.50	
155.76	39.06	13.37	8.11	5.26	25.69	21.00	116.70	
184.11	57.09	43.02	32.19	10.83	14.07	11.00	127.02	
14.07	3.34	2.78	2.78		0.56		10.73	
6.77	2.98	1.60	1.60		1.38	1.00	3.79	
46.60	8.89	6.59	6.02	0.57	2.30	2.10	37.71	

注：1亩≈666.7 m^2；1 hm^2＝15亩。

1.1 · 地质地貌及滩涂土壤的形成及分类

1.1.1 · 地质地貌

江苏省沿海滩涂区南起长江口（31°33′N），北抵苏鲁交界的绣针河口（35°07′N），向海至理论深度零米线，向陆废黄河以北以柘汪大沟、通榆公路、沭北运河和盐场内堤一线为界，废黄河以南以20世纪50年代修筑的挡潮海堤为界。除赣榆的石桥、秦山岛等地出露太古界地层，云台山的东西连岛等地出露元古界地层外，其他地区皆为第四纪和第三纪沉积物所覆盖。第三纪地层全部埋于地下，厚

10～40 m，临洪河附近最厚达55 m。第四纪地层覆于其上。第四纪沉积，以射阳、大丰、东台沿海为最厚，达300～400 m，赣榆、如东、启东等地也在100 m以上；海州湾山区丘陵因遭风化剥蚀而近乎缺失，仅在河谷或山前有些分布，厚度不超过50 m。沉积物质组成为：北部下层为棕黄色中、粗砂和亚黏土，上层为灰褐色淤泥质黏土、亚黏土及中、细砂；南部下层为棕黄、灰黄色亚黏土及黏土夹粗、细砂，上层为中、粗砂和细粉砂。

沿海滩涂沿岸陆地分为6个地貌区。①海州湾北部剥蚀海积平原：位于兴庄河以北，地势西北高东南低。②海州湾淤泥质海积平原：即兴庄河以南、灌河以北、云台山周围的海湾平原。③云台山变质岩山地：高程一般为400～600 m。④废黄河三角洲平原：位于灌河与射阳河之间，地面高程1.3～3 m，废黄河河床高出附近地面2～4 m，悬于地上，其组成物质以粉砂和亚黏土为主。⑤江苏中部海积平原：位于射阳河以南、北凌河以北。⑥长江三角洲平原：位于北凌河与长江口之间，地面高程由西北3.5 m向东南降至2 m左右，组成物质以粉砂、泥质粉砂为主，由西北向东南变细。

沿海海岸按其物质组成可分3类。①砂质海岸：分布于海州湾北部的绣针河口至兴庄河口，滩面沉积以淤泥质粉砂、粗粉砂为主。②基岩海岸：自连云港西墅至烧香河口。③粉砂淤泥质海岸：今岸线全长883.6 km。按其动态分为基本稳定、侵蚀和堆积3类。

1.1.2 滩涂土壤的形成及分类

滩涂土壤主要为海陆相交形成的沉积物［长江泥沙、废黄河三角洲侵蚀产物以及岸外海底（辐射沙脊群区）的侵蚀物质］，形成过程中受海水长期浸渍，普遍具有盐分较高、肥力较低的特点。土壤类型有滨海盐土、潮土、棕壤和砂姜黑土4类，其中又以前两类分布较广。滨海盐土主要分布于堤外潮滩，包括草甸滨海盐土、沼泽滨海盐土和潮滩盐土3个亚类。潮土包括灰潮土、盐化潮土、棕潮土和盐化棕潮土4个亚类。棕壤分布于云台山区，是暖温带的地带性土壤，分布面积较小。砂姜黑土仅见于赣榆区南部。

1.2 · 自然气候条件

1.2.1 · 气候

江苏沿海地区位处北亚热带与暖温带之间，兼受海洋性和大陆性气候双重影响。气候类型以灌溉总渠为界，渠南属北亚热带季风气候，渠北属暖温带季风气候。

1.2.2 · 光照

江苏沿海地区太阳年总辐射量，渠北为495～504 kJ/cm^2，渠南为462～495 kJ/cm^2，其中60%集中在5月中旬至9月中旬；年日照总时数，渠北为2 400～2 650 h，渠南为2 100～2 400 h，年内分配较均匀。

1.2.3 · 气温

江苏沿海地区年均气温北低南高，渠北为13～14 ℃，渠南为14～15 ℃。受海洋调节，气温年、日变化较内地小，冬季偏暖，夏季偏凉，春季回暖迟，秋季降温慢。全年≥10 ℃积温，渠北为4 400～4 500 ℃，渠南为4 500～4 770 ℃。

1.2.4 · 降水

因受季风气候影响，江苏沿海地区降水较多、暴雨频繁。渠北年均降水量为850～1 000 mm，渠南为1 000～1 080 mm。降水年内、年际变化较大。夏季降水可达全年40%～60%，冬季仅5%～10%。降水量的整体趋势为东南向西北依次递减。

1.2.5 · 风

江苏沿海地区全年平均风速，近海陆地为4～5 m/s、海上为5～7 m/s，且越向外海风速越大。夏季风向为东偏南，冬季风向为东偏北。

1.2.6 · 盐度

盐度垂直变化不大，长江等入海河口区因受排水影响，表层盐度明显低于底层。

1.2.7 含沙量

江苏沿海地区泥沙含量较多，利于潮滩沉积发育。夏季平均含沙量大于0.1 g/L，冬季平均高达0.3 g/L。

1.2.8 主要灾害

自古至今，江苏沿海地区灾害频发，主要有潮灾、风灾、涝灾、地震等。近几年，气候灾害发生较少，主要是赤潮、绿潮、海水入侵、土壤盐渍化等环境灾害。

2017年5月，排淡河口至埒子河口邻近海域发现链状裸甲藻（有毒）和中肋骨条藻（无毒）双相赤潮，面积约100 km^2（表1-2）。4～10月，通过卫星遥感监测发现，南通和盐城沿海区域发现浒苔绿潮。6月中上旬，盐城和连云港部分区域出现浒苔登滩现象，与2016年相比，浒苔绿潮爆发规模明显减小，持续时间明显缩短。7月24日最后一次在盐城近岸海域监测到零星漂浮的浒苔，全年浒苔绿潮持续时间为73天。

表1-2　2015～2019年江苏沿海地区赤潮情况汇总表

年份	次数	面积（km^2）	主要赤潮生物种类
2015	0	0	——
2016	0	0	——
2017	1	100	链状裸甲藻（有毒）、中肋骨条藻（无毒）
2018	0	0	——
2019	0	0	——

有许多研究表明，无机氮、磷酸盐为目前江苏近岸海域的主要污染物。《2017年江苏海洋环境质量公报》指出，无机氮和活性磷酸盐是海水环境质量的主要超标物。2017年矫新明等分析得出，江苏省近岸海域总体表现出由春季至秋季耗氧类污染减轻、营养盐类污染加重的特征，无机氮含量总体稳定，磷酸盐浓度呈上升趋势且增幅显著。其中，南通近岸为营养盐类污染海域，盐城近岸表现为由混合型污染向营养盐类污染过度的状态，连云港近岸主要为混合型污染海域。同时，三市近岸海域营养结构现状各不相同。

海平面的上升会加剧海岸侵蚀。江苏省近几十年来海平面上升速度为每年

2.5 mm，大于全球平均海平面上升速度。2017年，赣榆和大丰沿岸部分地区海水入侵严重，赣榆海水入侵距岸2.68 km，大丰海水入侵距岸21.30 km，其中大丰个别断面海水入侵范围较上一年明显增加。

海平面的不断上升也加剧了沿岸土壤盐渍化进程。此外，人为因素的干扰也是盐渍化加剧的原因之一。连云港和盐城是省内的主要受害区。2017年大丰沿岸未出现土壤盐渍化现象，与2016年相比，盐渍化范围明显减少。

1.3 · 经济地位

沿海潮间带是海洋生态系统和陆地生态系统交错带，其间的软体动物是潮间带重要的类群，具有一定的经济价值。《2017年江苏省海洋环境质量公报》中指出，潮间带底栖生物共监测到98种，优势种为褶牡蛎、文蛤、疣荔枝螺单齿螺、中华近方蟹等，平均生物密度为117.78个/m^2，平均生物量为160.40 g/m^2，生物多样性指数全年平均为1.98，表明物种丰富度较低、个体分布较均匀、多样性指数一般。所以，单靠自然采捕为主的模式带来的经济价值远远不够，还需建立综合的海洋经济体系进行开发和养殖。

江苏省沿海滩涂平坦、水域宽广、水产资源种类繁多，为发展海淡水养殖业提供了良好的条件和广阔的作业场所。自20世纪50年代以来，潮间带开发养殖的势头较快、品种多样，创造了很高的经济价值。

1.3.1 · 海带

在赣榆、大丰、东台、海门、启东、如东等地，海带养殖技术成熟、规模成型、产量较高。

1.3.2 · 紫菜

在连云港市、南通市开始试点，随着技术的成熟，全省紫菜养殖发展到如东、海门、东台、滨海、大丰、射阳、灌云、赣榆等地。条斑紫菜是江苏省藻类养殖的主要种类。

1.3.3 · 文蛤

东台、大丰、射阳、滨海、如东、海门、启东等地建立浅海滩涂养殖场，进行文蛤增养殖生产。

1.3.4 · 对虾

赣榆、灌云、射阳、滨海、大丰、东台、启东等地进行虾苗培育和成虾养殖，形成了成熟的产销体系，已成为全省沿海地区出口创汇的主打产品。

除了开发养殖的品种之外，江苏沿海还有一个重要的保护区，名为盐城沿海滩涂珍禽自然保护区。该保护区位于32°34′N～34°28′N、119°48′E～120°56′E，包括滨海、射阳、大丰和东台的沿海滩涂，南北跨标准海岸线582 km。该保护区于1983年经国家批准建立，属国家级。该保护区属于淤积淤长型海岸带、丰富多样的滩涂湿地生态系统，也是丹顶鹤（国家一级保护珍禽）重要的越冬栖息地，还是濒危珍稀物种黑嘴鸥的主要繁殖地，以及国家二级保护动物河麂栖息繁衍地。保护区内有鸟类400余种，被列为国家一级保护的珍禽，除丹顶鹤外，还有白鹤、白枕鹤、白鹳、黑鹳、大鸨、中华沙秋鸭、白肩雕等11种；被列为国家二级保护的珍禽有大天鹅、白琵鹭、黑脸琵鹭、灰鹤、小杓鹬等30余种。此外，还有数以万计的大雁、野鸭、白骨顶和鹭类，以及数量众多的游禽、涉禽和雀形目鸟类。另外，保护区内还有植物450种、两栖爬行类26种、鱼类284种、哺乳类31种等生物资源。

1.4 · 调查项目概况

沿海潮间带水生野生动物资源普查是江苏省水生生物资源重大专项暨首次水生野生动物资源普查项目重大专项的子项目。目的是全面掌握江苏省沿海滩涂潮间带水生野生动物资源现状，为有效保护、依法管理、合理利用江苏省沿海潮间带生物资源提供依据，也是有关部门制定宏观政策、合理开发利用沿海潮间带资源的需要。主要任务是查清江苏省沿海潮间带水生野生动物资源现状，对潮间带水生野生动物资源进行科学评价，并为建立沿海潮间带水生野生动物资源监测体系奠定基础。本项目由盐城工学院承担，并全面负责项目管理。

1.4.1 · 调查范围

根据江苏省沿海潮间带水生野生动物资源的调查技术规程，江苏省首次沿海潮间带水生野生动物资源调查的范围覆盖沿海所有境内滩涂潮间带，在沿海滩涂设定11个断面，每个断面设立6个观察点。项目根据规程在连云港、盐城和南通3个地区各设置1个工作组，每个工作组设1名组长带队并负责所在地区的调查工作。

水生野生动物调查进行了春、夏、秋、冬四个季节的野外调查，分别在2017年4月、2017年7月、2018年9～10月及2018年12月～2019年1月进行。滩涂底泥表层沉积物采样和底泥微生物采样只在夏季进行了一次采样（图1-2）。

图1-2
采样现场和采样方法
上图：从左向右依次为滩涂、牡蛎礁、辐射沙洲；下图：底栖生物和底泥采集

1.4.2 · 调查内容

沿海潮间带水生野生动物资源调查内容如下。

（1）潮间带野生水生动物种群数量及分布

调查方式主要以定量为主，定性相辅。对沿海潮间带水生野生动物，即鱼、虾、蟹、贝和浮游生物进行称重、照相和固定。

（2）潮间带底泥表层沉积物理化指标

主要检测指标：①总有机碳（TOC）。②沉积物粒度。③8种重金属：铜（Cu）、铅（Pb）、锌（Zn）、铬（Cr）、镉（Cd）、镍（Ni）、砷（As）和汞（Hg）。④16种美国EPA优先控制PAHs：萘（Nap）、苊烯（Acy）、苊（Ace）、芴（Flu）、菲（Phe）、蒽（Ant）、荧蒽（Fla）、芘（Pyr）、苯并［a］蒽（BaA）、䓛（Chr）、苯［b］荧蒽（BbF）、苯并［k］荧蒽（BkF）、苯并［a］芘（BaP）、二苯并［ah］蒽（DBA）、苯并［ghi］苝（BgP）、茚并［123-cd］芘（InP）。⑤10种PCBs：PCB28、PCB52、PCB155、PCB101、PCB112、PCB118、PCB153、PCB138、PCB180和PCB198。⑥17种OCPs：艾氏剂（aldrin）、4种六六六异构体［α-HCH、β-HCH、γ-HCH（林丹，Lindane）、δ-HCH］、滴滴涕（pp'-DDT）、α-氯丹（α-Chlordane）、γ-氯丹（γ-chlordane）、狄氏剂（Dieldrin）、α-硫丹（α-Endosulfan）、β-硫丹（β-Endosulfan）、硫酸硫丹（Endosulfan sulfate）、异狄氏剂（Endrin）、异狄氏剂醛（Endrin aldehyde）、异狄氏剂酮（Endrin ketone)、七氯（Heptachlor）和甲氧滴滴涕（Methoxychlor）。

综合运用地理科学、海洋科学、环境科学、化学科学等知识手段，研究江苏省沿海潮间带浅滩表层沉积物的主要来源和空间分布，并进行生态风险的评估。主要研究内容：①对浅滩表层沉积物中8种重金属的含量进行分析，运用皮尔逊相关系数以及主成分分析解析其来源，运用采样地累积指数法和潜在生态风险指数法评价其污染程度和生态危害。②对浅滩表层沉积物中16种PAHs的含量进行分析，阐明沉积物中PAHs的组成、分布特征、来源以及生态风险水平。③对浅滩表层沉积物中10种PCBs和17种OCPs的含量进行分析，研究其分布特征以及对环境的生态风险效应水平。

第二章

江苏省沿海滩涂生物资源分布研究

在四个季度的调查中，完成了11个滩涂断面调查，共63个站位。调查对象为滩涂底栖生物，调查任务为查清滩涂底栖动物的物种组成、资源量、分布格局、物种多样性等。在调查过程中，共采集到底栖生物定量样品861份、定性样品436份、现场数据2 730个，其中数量、质量数据各861个，GPS定位、盐度、水温和地温数据各252个。

四季共采集到滩涂底栖生物100种（附录），其中软体类最多（49种），占49%；其次为甲壳类（30种），占30%；多毛类居第三（9种），占9%；鱼类和腔肠类各4种，各占4%；棘皮类2种，占2%；星虫类和腕足类各为1种，均占1%（如图2-1）。软体类、甲壳类和多毛类三者占总数的88%，为江苏省沿海滩涂底栖生物的主要类群。

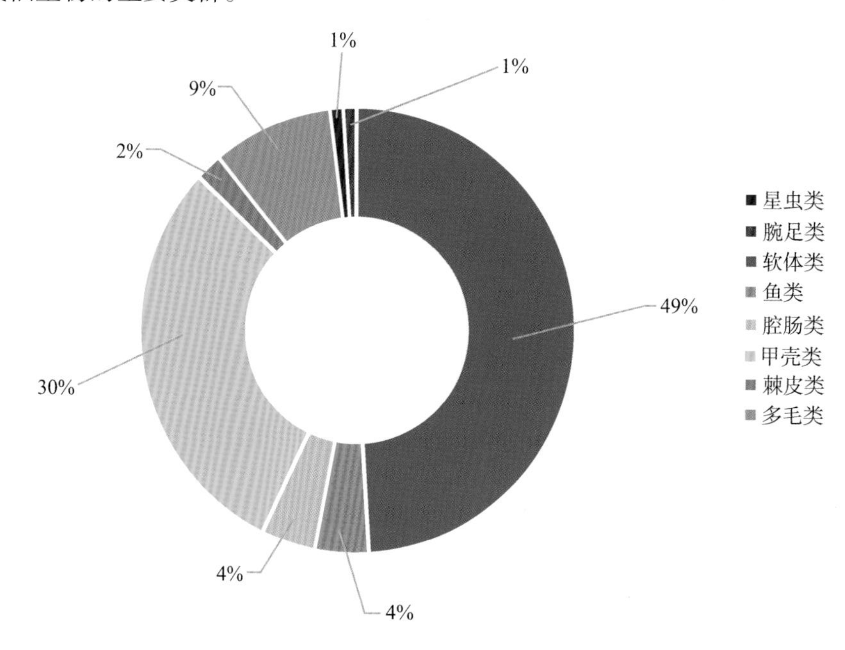

图2-1
滩涂底栖生物种类百分比组成

2.1 · 概述

2.1.1 · 底栖生物简介

在海洋底栖生态系统中，底栖动物种类繁多、食性复杂。它们在有机碎屑的分解、调节泥水界面的物质交换和促进水体的自净化中起着重要的作用，维持着生态系统的结构和功能。同时，其自身又是其他经济动物的食物，其生产量与渔业产量密切相关，因而底栖生物资源量的分布是衡量海区渔业资源状况的最基本要素。因此，有关底栖动物的生态特征研究受到国内外学术界的广泛关注。

底栖生物种类繁多，其种类组成和生活方式复杂，可以粗分为底栖植物和底栖动物。底栖生物的分类方式有多种，若根据其与地质的关系，可以将底栖生物细分为底表生活型、底内生活型和底游生活型三种类型；若按照个体大小又可以将底栖生物细分为微型底栖生物、小型底栖生物和大型底栖生物三种类型。

2.1.2 · 研究区域概述

南黄海西部海底埋藏沙丘群，位于江苏省弶港以东的海域，其形态似三角洲状，称为“苏北浅滩”。苏北浅滩起于新洋港，终于吕泗港，长约200 km。苏北浅滩水域面积广阔、资源丰富，独特的地形和水文条件使得该水域内具有丰富的底栖动物资源和较高的生产力。

滩涂生态系统位于陆地与海洋两大生态系统的交汇区域，受到多方面因素的影响，具有环境因子多变、变化剧烈等特点。

沉积物主要为细砂与粉砂质砂，中值粒径为3～6 φ。该区域水体较浅，有多条河流径流注入，同时南北两大潮波系统在此汇合，为海洋生物的繁殖和生长提供了充足的饵料，是多种鱼类产卵、索饵的场所。

2.1.3 · 研究目的及意义

研究滩涂底栖生物种类组成、生物量、生物密度等，可为合理开发利用滩涂资源及保护自然生态系统提供科学依据。在历史上，鲜有对江苏省沿海滩涂底栖生物资源分布情况的报道。我们根据2017年4月至2019年1月的调查结果，对江苏省沿海滩涂底栖生物生物量、栖息密度及群落结构进行分析，从而了解该区域滩涂底栖生物资源分布情况。

2.2 · 材料与方法

2.2.1 · 仪器与工具

地温计（ZD-1608）、盐度计（WZ-211）、电子天平（I-2000）、摄像机、罗盘、对讲机、GPS定位仪（GPS76, RoHS）、指南针、酒精浓度计（HZ-511）、采样框、工兵挖掘锹、矿灯、组织剪、镊子、血管钳、注射器、解剖刀、计算器、防水手表、潮汐表、救生绳、野外背包、标本瓶、标本盒、塑料箱、手套、油漆、防水塑料袋、筛子（绢网）、防御工作服、救生衣、雨靴、彩旗、可伸缩旗杆、酒精、滩涂生物书籍等。

2.2.2 · 调查对象

调查对象为江苏省沿海滩涂底栖生物。

2.2.3 · 调查方案

（1）时间与地点

调查时间：2017年4月至2019年1月。

调查地点：江苏省沿海地区，包括启东、如东、东台、大丰、射阳、响水、连云和赣榆8个地区，共11个断面（图2-2）。由南至北依次为1～11断面。

调查组分别对11个断面进行了沿海滩涂底栖生物资源分布调查（表2-1）。调查组共分3个工作小组，其中第一小组负责启东和如东，第二小组负责东台、大丰和射阳，第三小组负责响水、连云和赣榆。

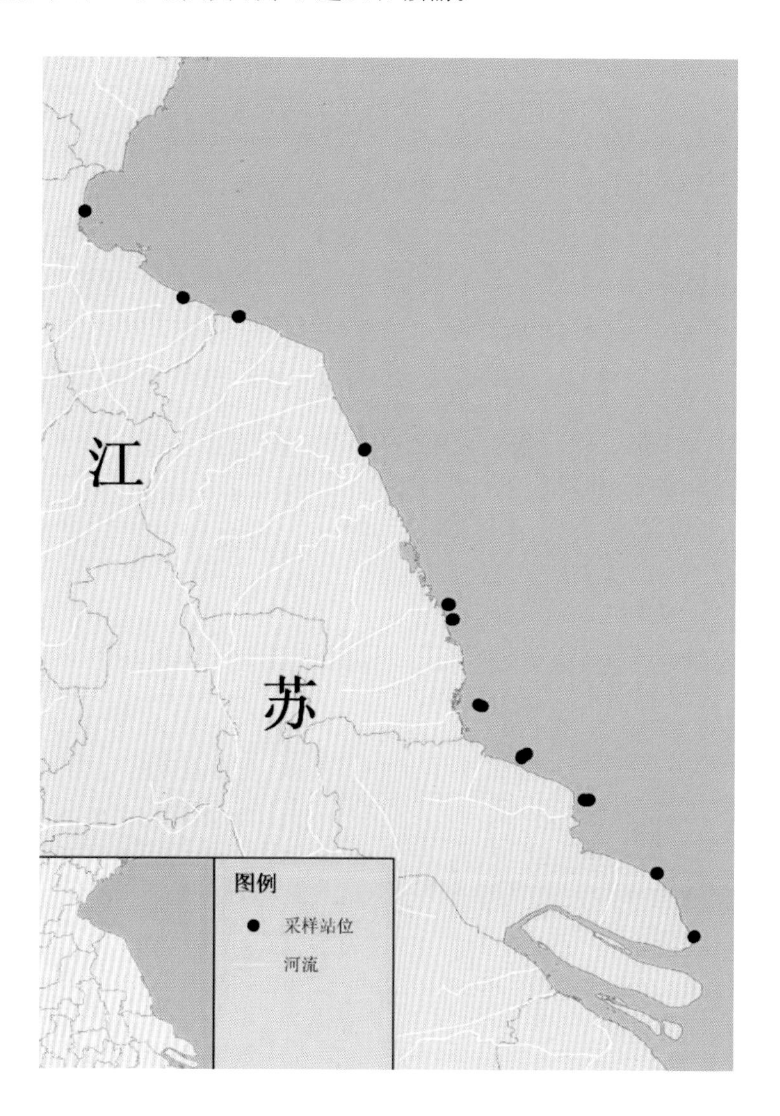

图2-2
采样区域站位图

表 2-1　采集断面的坐标信息

序号	断面名称	断面坐标
1	黄金海滩	N31°44'876"　E121°55'841"
2	近海镇	N32°00'985"　E121°44'483"
3	东凌港	N32°21'340"　E121°24'894"
4	环港镇	N32°31'216"　E121°09'382"
5	条子泥	N32°45'722"　E120°57'560"
6	大丰竹港	N33°07'532"　E120°51'093"
7	大丰王港	N33°11'623"　E120°50'036"
8	射阳港	N33°52'408"　E120°27'567"
9	二道垛子	N34°27'503"　E119°53'604"
10	小洼港	N34°33'095"　E119°38'782"
11	海头港	N34°55'248"　E119°12'070"

（2）采样及分析方法

定量样品采用25 cm×25 cm采样框在每个站位随机采集4个样方，选用20目的绢筛淘洗泥沙，拣出全部生物，放入塑封袋后密封，记录样品编号；同时，在定量采样的周边区域广泛采集定性样品。

分别用70%的酒精对获得的样品进行固定，样品带回实验室后进行种类鉴定、个体计数和称重，样品的处理、保存、计数和称重等均按《海洋调查规范》进行。栖息密度单位为ind./m^2，生物量单位为g/m^2（按湿重计）。

滩涂采样和室内分析工作均严格按照《海洋生物生态调查技术规程》要求操作，并执行严格的质量管理体系，仪器设备检定率100%，样品采集及分析均按质控要求执行，记录规范整齐。

2.3 · 江苏省沿海滩涂春季底栖生物资源分布结果与分析

2.3.1 · 环境参数

南通地区（1～4断面）盐度为29.25‰±3.90‰，盐城地区（5～8断面）盐度为31.50‰±1.12‰，连云港地区（9～11断面）盐度为26.30‰±0.47‰。在3个城市中，盐城地区盐度最高，连云港地区盐度最低，其中盐城地区又以第7断面（大丰王港）盐度最高（表2-2）。采样时11个断面的平均温度为17.0℃。

表2-2 江苏省沿海滩涂春季各断面环境参数

断面	名称	盐度（‰）	温度（℃）
1	黄金海滩	23	12.6
2	近海镇	32	14.1
3	东凌港	33	15.3
4	环港镇	29	20.0
5	条子泥	31	14.7
6	大丰竹港	32	16.8
7	大丰王港	33	17.9
8	射阳港	30	26.8
9	二道垛子	26	15.8
10	小洼港	26	16.2
11	海头港	27	17.0

2.3.2 种类组成

在江苏省沿海滩涂，春季共鉴定出底栖生物29种，其中软体类居首位（18种），占62.07%；其次是多毛类（5种），占17.24%；甲壳类居第三位（4种），占13.79%；最后是腔肠类和腕足类（各1种），占3.45%（图2-3）。

春季南通地区（1～4断面）的底栖生物种类最多，共17种；其次为连云港地区（9～11断面），共15种；盐城地区（5～8断面）最少，共10种。研究结果表明，底栖生物种类数的空间变化主要取决于软体类、多毛类和甲壳类这三个类群种数的变化，且与当地气候、水温和底质相关（表2-3）。

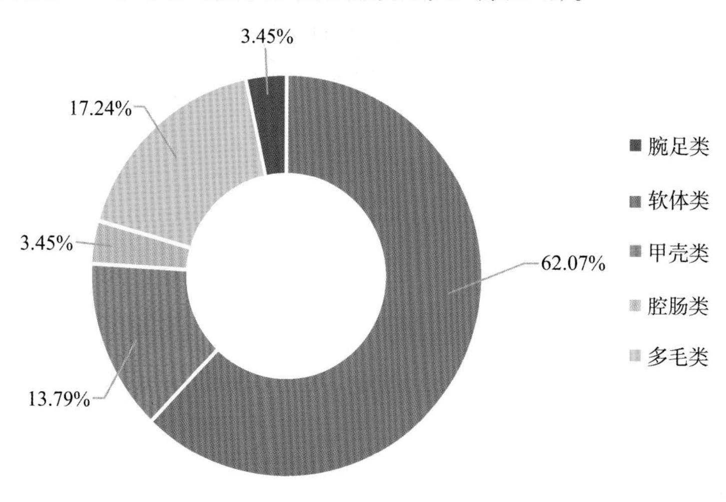

图2-3
江苏省沿海滩涂春季底栖生物种类百分比组成

表2-3 江苏省沿海滩涂春季各城市底栖生物种类组成及百分比

城市	软体类		甲壳类		腕足类		多毛类		腔肠类		总数	
	种数	百分比（%）	种数	百分比（%）	种数	百分比（%）	种数	百分比（%）	种数	百分比（%）	种数	百分比（%）
南通	12	70.59	2	11.76	1	5.89	2	11.76	0	0.00	17	100
盐城	7	70.00	2	20.00	0	0.00	1	10.00	0	0.00	10	100
连云港	6	42.86	2	14.29	0	0.00	5	35.71	1	7.14	14	100

2.3.3 种类空间分布

江苏省沿海滩涂春季各断面底栖生物为4～12种。其中，位于南通启东的近海镇区域底栖生物种类最多，共12种；位于盐城射阳的射阳港区域和连云港的二道垛子区域底栖生物种类最少，各为4种。除此以外，南通如东东凌港、盐城大丰王港和连云港小洼港这三个区域的底栖生物种类也较少，各5种。几个种类数较少的区域大多为淤泥底质。江苏省沿海滩涂春季底栖生物种类数的空间变化大致呈现为两端高，其他区域由南向北呈下降趋势（表2-4和表2-5）。

表2-4 江苏省沿海滩涂春季各断面底栖生物种类组成及百分比

断面	名称	软体类		甲壳类		腕足类		多毛类		腔肠类		总数	
		种数	百分比（%）	种数	百分比（%）	种数	百分比（%）	种数	百分比（%）	种数	百分比（%）	种数	百分比（%）
1	黄金海滩	4	66.67	1	16.67	0	0.00	1	16.67	0	0.00	6	100.00
2	近海镇	9	75.00	1	8.33	1	8.33	1	8.33	0	0.00	12	100.00
3	东凌港	2	40.00	2	40.00	1	20.00	0	0.00	0	0.00	5	100.00
4	环港镇	7	77.78	1	11.11	0	0.00	1	11.11	0	0.00	9	100.00
5	条子泥	6	75.00	1	12.50	0	0.00	1	12.50	0	0.00	8	100.00
6	大丰竹港	4	66.67	1	16.67	0	0.00	1	16.67	0	0.00	6	100.00
7	大丰王港	3	60.00	1	20.00	0	0.00	1	20.00	0	0.00	5	100.00
8	射阳港	3	75.00	0	0.00	0	0.00	1	25.00	0	0.00	4	100.00
9	二道垛子	3	75.00	0	0.00	0	0.00	1	25.00	0	0.00	4	100.00
10	小洼港	2	20.00	2	40.00	0	0.00	2	40.00	0	0.00	5	100.00
11	海头港	4	40.00	1	10.00	0	0.00	4	40.00	1	10.00	10	100.00

表2-5 江苏省沿海滩涂春季各断面底栖生物种类分布

门类	物种	断面										
		1	2	3	4	5	6	7	8	9	10	11
腔肠类	中华仙影海葵	−	−	−	−	−	−	−	−	−	−	+
多毛类	花索沙蚕	+	−	−	−	−	−	−	−	−	−	+
	双齿围沙蚕	−	−	−	−	−	−	−	−	−	+	+
	头吻沙蚕	−	−	−	−	−	−	−	−	−	−	+
	中华齿吻沙蚕	−	+	−	+	+	+	+	+	+	+	+
	中锐吻沙蚕	−	−	−	−	−	−	−	−	−	−	−
甲壳类	豆形拳蟹	−	−	−	−	−	−	+	−	−	+	+
	红螯相手蟹	−	−	+	−	−	−	−	−	−	−	−
	宽身大眼蟹	+	+	+	+	+	+	−	−	−	−	−
	天津厚蟹	−	−	−	−	−	−	−	−	−	+	−
软体类	白带笋螺	−	+	+	−	−	−	−	−	−	−	−
	伶鼬榧螺	−	−	−	+	−	−	−	−	−	−	−
	虹光亮樱蛤	−	+	−	+	−	−	−	−	−	−	−
	焦河蓝蛤	−	−	−	−	−	−	−	−	−	−	+
	节织纹螺	+	+	−	−	−	−	−	−	−	−	+
	魁蚶	−	−	−	−	−	−	−	−	+	−	−
	毛蚶	−	−	−	−	−	−	−	−	−	−	+
	泥螺	−	+	−	+	−	+	+	+	+	−	+
	青蛤	−	−	−	−	+	+	−	−	−	−	−
	四角蛤蜊	−	+	−	+	+	+	+	+	−	−	−
	托氏蜎螺	+	+	−	−	+	+	+	+	−	−	−
	微黄镰玉螺	−	−	−	+	−	−	−	−	−	−	−
	文蛤	+	+	+	+	+	−	−	−	−	−	−
	秀丽织纹螺	−	+	−	+	−	−	−	−	−	−	−
	缢蛏	−	−	−	−	+	−	−	−	−	−	−
	紫彩血蛤	+	−	−	−	+	−	−	−	−	−	−
	纵肋织纹螺	−	+	−	−	−	−	−	−	+	−	−
腕足类	海豆芽	−	+	+	−	−	−	−	−	−	−	−

2.3.4 · 优势种

采用相对重要性指数IRI（Pinaka. 1971）作为研究某种滩涂生物在群落中所占的重要性。计算公式如下。

$$IRI=(N+W)\times F\times 10^4$$

式中：N为某一种的个数占总数的百分比，W为某一种的重量占总重量的百分比，F为某一种出现的站次数占调查总站次数的百分比。规定IRI大于1 000的为优势种，IRI处于100～1 000的为主要种。

江苏省沿海滩涂春季优势种为文蛤和托氏蜎螺，主要种为四角蛤蜊（表2-6）。

①文蛤：江苏省沿海滩涂主要经济贝类多分布在如东、启东、大丰以及东台的粉砂淤积质段岸，主要生活在中潮区以下。本次调查中，文蛤的平均生物量为69.42 g/m^2。

②托氏蜎螺：分布很广，数量也很多，生活在滩涂的泥沙滩上；退潮后在沙滩上继续爬行，有时独行，有时聚集成群。本次调查中，托氏蜎螺的平均生物量为11.91 g/m^2。

③四角蛤蜊：又称方形马珂蛤，主要栖息于滩涂中下区及浅海的泥沙滩中，属广温广盐性贝类。本次调查中，四角蛤蜊的平均生物量为32.01 g/m^2。

表2-6　江苏省沿海滩涂春季底栖生物优势种构成

物种	个数	栖息密度百分比（%）	生物量（g/m²）	平均生物量（g/m²）	生物量百分比（%）	次数	出现频率（%）	优势度
文蛤	130	9.09	1 093.43	69.42	48.78	13	20.63	1 194.21
托氏蜎螺	275	19.23	187.6	11.91	8.37	23	36.51	1 007.63
四角蛤蜊	97	6.78	504.08	32.01	22.49	19	30.16	882.82
泥螺	27	1.89	33.27	2.11	1.48	10	15.87	53.53
中华齿吻沙蚕	22	1.54	7.41	0.47	0.33	10	15.87	29.67
宽身大眼蟹	14	0.98	13.86	0.88	0.62	10	15.87	25.36

2.3.5 · 生物量

（1）生物量组成

江苏省沿海滩涂春季底栖生物平均生物量为135.85 g/m^2，平均栖息密度为86.66 ind./m^2。在数量组成中，生物量组成以软体类最多（131.70 g/m^2），甲壳类其次（1.64 g/m²），多毛类第三（1.41 g/m²）；栖息密度以软体类最多（80.30 ind./m²），其次为多毛类（3.76 ind./m²），腕足类第三（1.39 ind./m²）。腔肠类的生物量和栖息密度均较低（表2-7）。

底栖生物在不同断面的生物量和密度也有一定差异，生物量和密度均为江苏省沿海滩涂南部地区较高，其中又以南通黄金海滩的生物量最高，连云港海头港的栖息密度最高（图2-4）。

表2-7 江苏省沿海滩涂春季底栖生物各类群栖息密度和生物量分布

门类	种数	总栖息密度（ind./m²）	平均栖息密度（ind./m²）	总生物量（g/m²）	平均生物量（g/m²）
甲壳类	4	12.00	1.09	18	1.64
多毛类	5	41.33	3.76	15.54	1.41
腕足类	1	15.33	1.39	4.63	0.42
软体类	18	883.33	80.30	1 448.67	131.70
腔肠类	1	1.33	0.12	7.46	0.68
总计	29	953.32	86.66	1 494.3	135.85

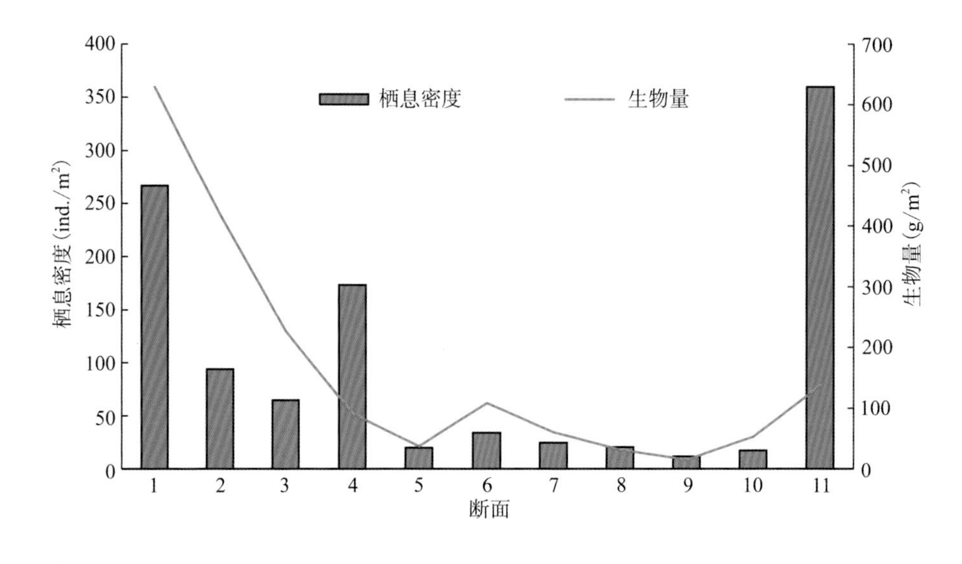

图2-4
江苏省沿海滩涂春季各断面底栖生物的生物量和栖息密度

（2）栖息密度和生物量分布

软体类的栖息密度和生物量均为最高，腔肠类的栖息密度最低，腕足类的生物量最低（图2-5和图2-6）。其中，第1断面南通黄金海滩的栖息密度最高，生物量第二。从空间分布上来看，由南向北基本呈下降趋势，可能由于滩涂南部为粉砂淤泥质、气候适宜、温度适中，因此贝类较多、栖息密度高、生物量较大。北部滩涂为淤泥质，因此贝类少，除生物量较多的第11断面海头港之外，滩涂

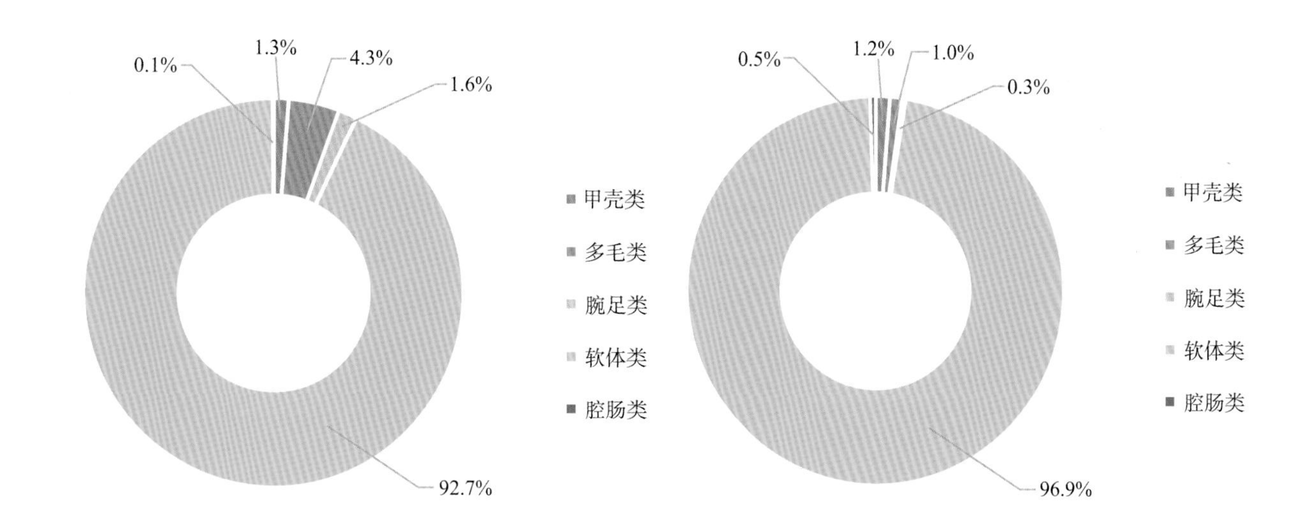

图2-5
江苏省沿海滩涂春季底栖生物的栖息密度百分比

图2-6
江苏省沿海滩涂春季底栖生物的生物量百分比

北部的栖息密度与生物量均不如南部丰富（图2-7和图2-8）。

江苏省沿海滩涂春季底栖生物的栖息密度和生物量分布在各潮区之间不尽相同。各潮区生物的平均栖息密度大小为中潮区＞高潮区＞低潮区。高潮区第4断面平均栖息密度最高，为163.33 ind./m^2；中潮区第1断面平均栖息密度最高，为

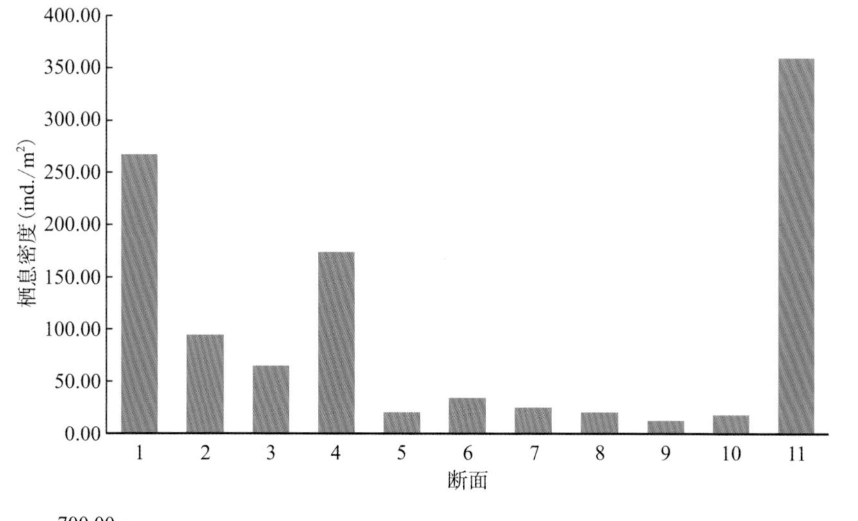

图2-7
江苏省沿海滩涂春季各断面底栖生物的栖息密度分布

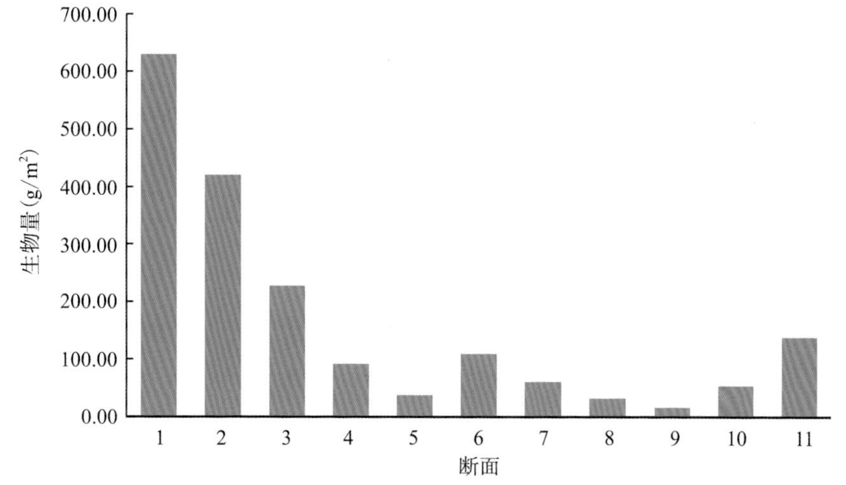

图2-8
江苏省沿海滩涂春季各断面底栖生物的生物量分布

237.33 ind./m²；低潮区第1断面平均栖息密度也最高，为26.67 ind./m²。各潮区平均生物量为高潮区＞低潮区＞中潮区，其中高潮区生物量最高的为第2断面（382.15 g/m²），中潮区生物量最高的为第1断面（175.05 g/m²），低潮区生物量最高的同样为第1断面（447.01 g/m²）。比较各断面不同潮区的栖息密度及生物量分布可以看出，除少数断面中潮区或低潮区的栖息密度和生物量较高外，其余大多断面均为高潮区较高，造成这一结果的原因可能为中、低潮区植被较少、食源不足且潮水冲刷严重，不适宜部分底栖生物生存（表2-8、图2-9和图2-10）。

表2-8　江苏省沿海滩涂春季不同潮区各断面底栖生物的栖息密度及生物量分布

		断面											平均值
		1	2	3	4	5	6	7	8	9	10	11	
高潮区	栖息密度（ind./m²）	2.67	66.67	30.67	163.33	4.67	4.00	11.33	1.33	11.33	8.67	125.33	39.09
	生物量（g/m²）	7.13	382.15	60.00	75.83	0.92	33.03	47.75	0.60	15.17	46.21	40.16	64.45
中潮区	栖息密度（ind./m²）	237.33	25.33	19.33	5.33	5.33	16.00	8.67	8.67	0.00	2.67	219.33	49.82
	生物量（g/m²）	175.05	36.28	82.42	14.28	8.37	42.75	6.38	18.16	0.00	0.65	86.55	42.81
低潮区	栖息密度（ind./m²）	26.67	2.00	14.67	4.67	10.00	14.00	4.67	10.00	0.44	6.00	14.67	9.80
	生物量（g/m²）	447.01	0.57	84.51	1.09	27.89	32.41	6.04	12.64	0.13	6.35	10.06	57.15

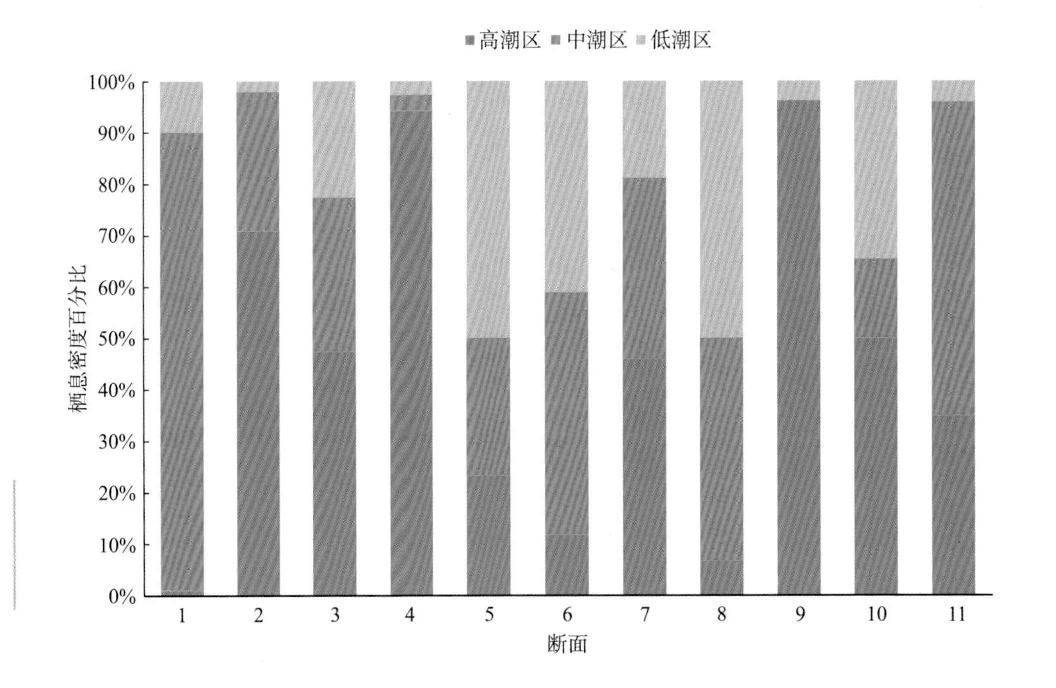

图2-9
江苏省沿海滩涂春季各潮区不同断面底栖生物的栖息密度百分比

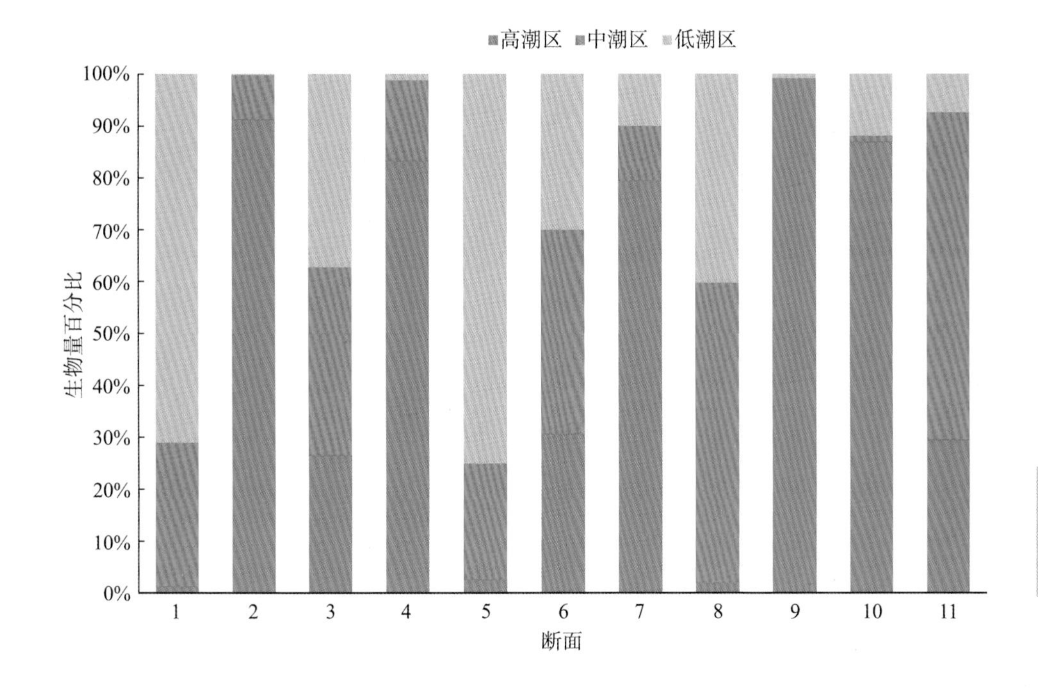

图2-10
江苏省沿海滩涂春季各潮区不同断面底栖生物的生物量百分比

2.3.6 · 物种多样性

采用香农多样性指数（Shannon's diversity index）来估算群落多样性的高低。计算公式如下。

$$H' = -\sum_{i=1}^{S} pi\ \ln pi$$

式中：S表示总的物种数，P_i表示第i个种占总数的比例（Pielou 1975）。当群落中只有一个种群存在时，香农多样性指数达最小值0；当群落中有两个以上的居群存在，且每个居群仅有一个成员时，香农多样性指数达到最大值。

物种均一度用来描述物种中的个体的相对丰富度或所占比例。群落的均一度可用J（Pielou's evenness index）表示，H'为香农多样性指数，$H'max$是H'的最大值。计算公式如下。

$$J=\frac{H'}{H'_{\max}} \qquad H'_{\max} = -\sum_{i=1}^{S}\frac{1}{S}\ln\frac{1}{S} = \ln S$$

统计表明，江苏省沿海滩涂春季底栖生物的多样度指数在各站的变化幅度为0.43～2.16，均值为1.05；均一度变化幅度为0.13～0.64，均值为0.31（表2-9）。

表2-9 江苏省沿海滩涂春季各断面底栖生物多样性指数

断面	名称	多样性指数（H'）	均一度（J）
1	黄金海滩	0.50	0.15
2	近海镇	1.73	0.52
3	东凌港	0.81	0.24
4	环港镇	0.56	0.17
5	条子泥	2.16	0.64
6	大丰竹港	1.48	0.44
7	大丰王港	1.15	0.34
8	射阳港	0.98	0.29
9	二道垛子	0.43	0.13
10	小洼港	1.19	0.35
11	海头港	0.57	0.17
平均值		1.05	0.31

2.4 江苏省沿海滩涂夏季底栖生物资源分布结果与分析

2.4.1 环境参数

南通地区（1～4断面）盐度为27.75‰±4.96‰，盐城地区（5～8断面）盐度为27.5‰±2.69‰，连云港地区（9～11断面）盐度为28.67‰±1.24‰。在这3个城市中，连云港地区盐度最高，盐城地区盐度最低，其中南通地区又以第2断面（近海镇）盐度最高（表2-10）。采样时11个断面的平均温度为31.1℃。

表2-10 江苏省沿海滩涂夏季各断面环境参数

断面	名称	盐度（‰）	温度（℃）
1	黄金海滩	21	33.6
2	近海镇	33	28.1
3	东凌港	32	29.8
4	环港镇	25	30.2

续表

断面	名称	盐度（‰）	温度（℃）
5	条子泥	25	32.7
6	大丰竹港	26	32.4
7	大丰王港	27	31.5
8	射阳港	32	30.7
9	二道垛子	29	29.9
10	小洼港	27	32.1
11	海头港	30	31.5

2.4.2 · 种类组成

在江苏省沿海滩涂，夏季共鉴定出底栖生物32种，其中软体类居首位（21种），占65.63%；其次是甲壳类（4种），占12.50%；多毛类3种，居第三位，占9.38%；腔肠类2种，占6.25%；腕足类1种，占3.13%；鱼类1种，占3.13%（图2-11）。软体类和甲壳类是构成该区域底栖生物的主要类群，两者之和约占总种数的75%。

夏季南通地区（1～4断面）的底栖生物种类最多，共23种；其次为连云港地区（9～11断面），共16种；盐城地区（5～8断面）种类数最少，共12种。研究结果表明，底栖生物种类数的空间变化主要取决于软体类、多毛类和甲壳类这三个类群种数的变化，且与当地气候、水温和底质相关（表2-11）。

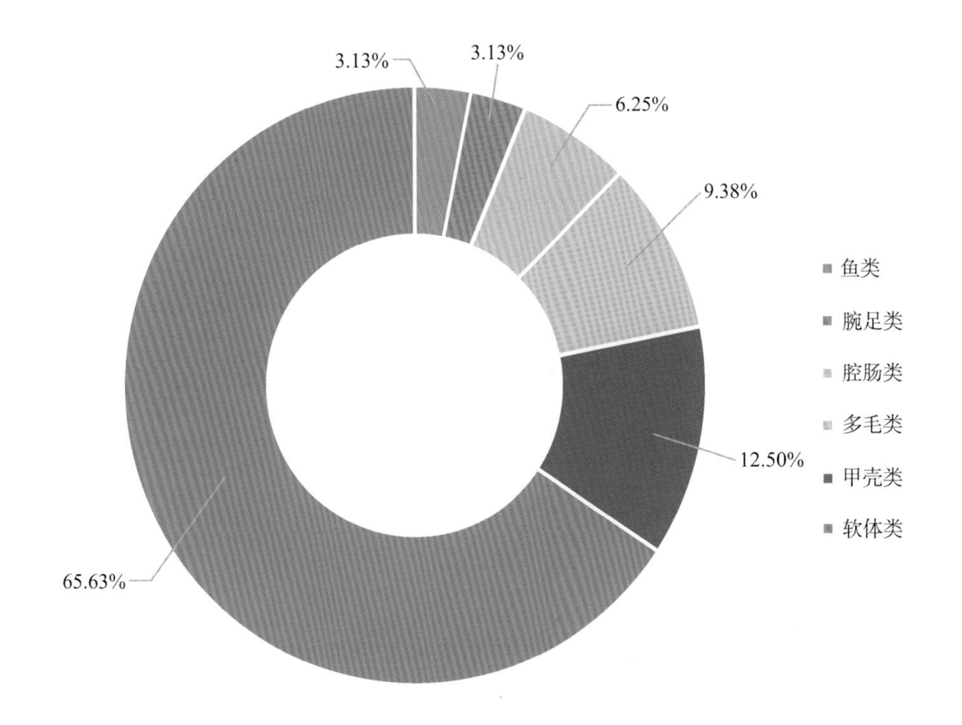

图2-11
江苏省沿海滩涂夏季底栖生物种类百分比组成

表2-11 江苏省沿海滩涂夏季各城市底栖生物种类组成及百分比

城市	软体类		甲壳类		腕足类		多毛类		腔肠类		鱼类		总数	
	种数	百分比（%）	种数	百分比（%）	种数	百分比（%）	种数	百分比（%）	种数	百分比（%）	种数	百分比（%）	种数	百分比（%）
南通	14	60.87	3	13.04	1	4.34	3	13.04	2	8.70	0	0.00	23	100.00
盐城	9	75.00	1	8.33	0	0.00	1	8.33	0	0.00	1	8.33	12	100.00
连云港	11	68.75	3	18.75	0	0.00	2	1.25	0	0.00	0	0.00	16	100.00

2.4.3 种类空间分布

江苏省沿海滩涂春季各断面底栖生物种类范围为4～15。其中，位于南通的东凌港区域底栖生物种类最多，共15种；位于连云港的二道垛子和海头港区域底栖生物种类最少，各4种；除此以外，南通黄金海滩、盐城大丰王港和射阳港这三个区域的底栖生物种类也较少，各6种（表2-12和表2-13）。几个种类数较少的区域大多为淤泥底质。江苏省沿海滩涂春季底栖生物种类数的空间变化大致呈现由南向北下降的趋势。

表2-12 江苏省沿海滩涂夏季各断面底栖生物种类组成及百分比

断面	名称	软体类		甲壳类		腕足类		多毛类		腔肠类		总数	
		种数	百分比（%）	种数	百分比（%）	种数	百分比（%）	种数	百分比（%）	种数	百分比（%）	种数	百分比（%）
1	黄金海滩	3	50.00	1	16.67	2	33.33	0	0.00	0	0.00	6	100.00
2	近海镇	6	60.00	1	10.00	2	20.00	0	0.00	1	10.00	10	100.00
3	东凌港	10	66.67	0	0.00	3	20.00	0	0.00	2	13.33	15	100.00
4	环港镇	7	63.64	0	0.00	3	27.27	0	0.00	1	9.09	11	100.00
5	条子泥	6	85.71	0	0.00	1	14.29	0	0.00	0	0.00	7	100.00
6	大丰竹港	5	71.43	0	0.00	1	14.29	0	0.00	1	14.29	7	100.00
7	大丰王港	4	66.67	0	0.00	1	16.67	1	16.67	0	0.00	6	100.00
8	射阳港	5	83.33	0	0.00	1	16.67	0	0.00	0	0.00	6	100.00
9	二道垛子	4	100.00	0	0.00	0	0.00	0	0.00	0	0.00	4	100.00
10	小洼港	8	72.73	0	0.00	0	0.00	0	0.00	3	27.27	11	100.00
11	海头港	2	50.00	0	0.00	2	50.00	0	0.00	0	0.00	4	100.00

表2-13 江苏省沿海滩涂夏季各断面底栖生物种类分布

门	物种	断面										
		1	2	3	4	5	6	7	8	9	10	11
腔肠类	中华仙影海葵	−	+	−	−	−	−	−	−	−	−	−
多毛类	海笔	+	−	−	−	−	−	−	−	−	−	−
	中华齿吻沙蚕	−	+	−	−	−	−	−	−	−	−	−
	中锐吻沙蚕	+	+	+	+	−	−	−	−	−	−	+
	缨鳃虫	−	−	+	+	−	−	−	−	−	−	−
甲壳类	豆形拳蟹	−	−	−	+	−	−	−	−	−	+	−
	天津厚蟹	−	−	−	−	−	−	−	−	−	−	+
	焦河蓝蛤	+	−	+	−	−	+	+	−	+	−	+
	虹光亮樱蛤	+	−	+	+	−	−	+	+	+	−	−
	纵肋织纹螺	−	+	−	−	−	−	−	−	−	+	−
软体类	泥螺	−	+	+	+	+	+	+	+	+	+	−
	托氏蜎螺	−	+	+	−	+	+	−	+	−	+	−
	红线黎明蟹	−	+	−	−	−	−	−	−	−	−	−
	白带笋螺	−	+	+	−	+	−	−	−	−	−	−
	显眼栉笋螺	−	+	+	−	−	−	−	−	−	−	−
	扁玉螺	−	+	−	−	−	−	−	−	−	−	−
	宽身大眼蟹	−	−	+	+	−	+	−	−	−	+	−
	舌形贝	−	−	+	−	−	−	−	−	−	−	−
	四角蛤蜊	−	−	+	+	+	+	+	+	−	−	−
	秀丽织纹螺	−	−	+	+	−	−	−	−	−	+	−
	短文蛤	−	−	+	−	−	−	−	−	−	−	−
	文蛤	+	−	+	+	−	−	−	−	−	−	−
	微黄镰玉螺	−	−	−	+	−	−	−	−	−	−	−
	节织纹螺	−	−	−	+	−	−	−	+	+	+	+
	青蛤	−	−	−	−	+	−	−	−	−	−	−
	彩饰榧螺	−	−	−	−	−	−	−	−	+	−	−
	结晶亮螺	−	−	−	−	−	−	−	−	−	+	−
	锈凹螺	−	−	−	−	−	−	−	−	−	+	−
	半褶织纹螺	−	−	−	−	−	−	−	−	−	+	−
	血蛤	−	−	−	−	−	−	−	−	−	+	−
	缢蛏	−	−	−	−	+	−	−	−	−	−	−
鱼类	红狼牙虾虎鱼	−	−	−	−	−	−	+	−	−	−	−

2.4.4 优势种

采用相对重要性指数IRI（Pinaka. 1971）作为研究某种滩涂生物在群落中所占的重要性。计算公式如下。

$$IRI=(N+W)\times F\times 10^4$$

式中：N为某一种的个数占总数的百分比，W为某一种的重量占总重量的百分比，F为某一种出现的站次数占调查总站次数的百分比。规定IRI大于1 000为优势种，100<IRI<1 000为主要种。

江苏省沿海潮间带夏季优势种为泥螺，主要种为焦河蓝蛤、文蛤、中华齿吻沙蚕、托氏蜎螺、四角蛤蜊和虹光亮樱蛤（表2-14）。

①泥螺：泥螺分布广、数量大，是群众采捕的主要对象。在调查区总的出现频率为69.84%，栖息于内湾潮间带泥沙滩上，营匍匐生活。泥螺对盐度、温度适应性强，严冬酷暑均生长良好。本次调查中，泥螺的平均生物量为17.45 g/m²。

②焦河蓝蛤：焦河蓝蛤是一种咸淡水双壳类，为滩涂地带常见种类，对环境的适应能力较强，常栖息于内湾潮间的中、低潮区的泥沙滩中，是养殖对虾的优质鲜活饵料。本次调查中，焦河蓝蛤的平均生物量为6.01 g/m²。

③文蛤：文蛤是埋栖型贝类，多分布在较平坦的河口附近沿岸内湾的潮间带，以及浅海区域的沙泥底，喜欢生活在有淡水注入的河水湿地与潮间带等地区。本次调查中，文蛤的平均生物量为28.93 g/m²。

④中华齿吻沙蚕：采自潮间带下区沙滩、潮间带的泥沙滩、潮下带的泥沙滩及低潮带的泥沙滩。本次调查中，中华齿吻沙蚕的平均生物量为4.22 g/m²。

⑤托氏蜎螺：分布很广，数量也很多，生活在滩涂的泥沙滩上；退潮后在沙滩上继续爬行，有时独行，有时聚集成群。本次调查中，托氏蜎螺的平均生物量为5.10 g/m²。

⑥四角蛤蜊：四角蛤蜊又称方形马珂蛤，主要栖息于潮间带中、下区及浅海的泥沙滩中，属广温广盐性贝类。本次调查中，四角蛤蜊的平均生物量为10.25 g/m²。

⑦虹光亮樱蛤：虹光亮樱蛤也叫彩虹明樱蛤，栖息在中、低潮带泥沙质的浅海沙底。本次调查中，虹光亮樱蛤的平均生物量为1.89 g/m²。

表2-14　江苏省沿海潮间带夏季底栖生物优势种构成

物种	个数	栖息密度百分比（%）	生物量（g/m²）	平均生物量(g/m²)	生物量百分比（%）	次数(次)	出现频率(%)	优势度
泥螺	229	14.34	274.83	17.45	20.66	44	69.84	2 444.35
焦河蓝蛤	528	33.06	94.58	6.01	7.11	13	20.63	828.94
文蛤	251	15.72	455.61	28.93	34.25	9	14.29	713.79
中华齿吻沙蚕	97	6.07	66.43	4.22	4.99	26	41.27	456.75
托氏蜎螺	97	6.07	80.34	5.10	6.04	19	30.16	365.32
四角蛤蜊	26	1.63	161.4	10.25	12.13	15	23.81	327.63
虹光亮樱蛤	140	8.77	29.74	1.89	2.24	13	20.63	227.03
宽身大眼蟹	15	0.94	28.95	1.84	2.18	8	12.70	39.56

2.4.5 生物量

（1）生物量组成

江苏省沿海滩涂夏季底栖生物平均生物量为85.93 g/m²，平均栖息密度为106.36 ind./m²。在数量组成中，生物量以软体类居首位（75.65 g/m²），其次为甲壳类（4.65 g/m²）和多毛类（4.45 g/m²）；脊索类、腕足类和腔肠类的生物量均较少，依次分别为0.41/m²、0.4 g/m²和0.37 g/m²。栖息密度以软体类居首位（84.18 ind./m²），腔肠类居第二位（12.06 ind./m²），多毛类居第三位（8.61 ind./m²），脊索类和腕足类的生物量均较少（0.06 ind./m²）（表2-15）。

各类群在不同断面的生物量和栖息密度也有一定差异，两者均为江苏省沿海滩涂南部地区较高，其中又以南通市东凌港的生物量最高、南通市近海镇的栖息密度最低（图2-12）。

表2-15　江苏省沿海滩涂夏季底栖生物各类群栖息密度和生物量分布

物种	种数	总栖息密度（ind./m²）	平均栖息密度（ind./m²）	总平均生物量（g/m²）	平均生物量（g/m²）
脊索类	1	0.66	0.06	4.56	0.41
腕足类	1	0.66	0.06	4.4	0.4
腔肠类	2	132.66	12.06	4.07	0.37
多毛类	3	94.71	8.61	48.95	4.45
甲壳类	4	15.29	1.39	51.15	4.65
软体类	21	925.98	84.18	832.15	75.65
总计	32	1 169.96	106.36	945.28	85.93

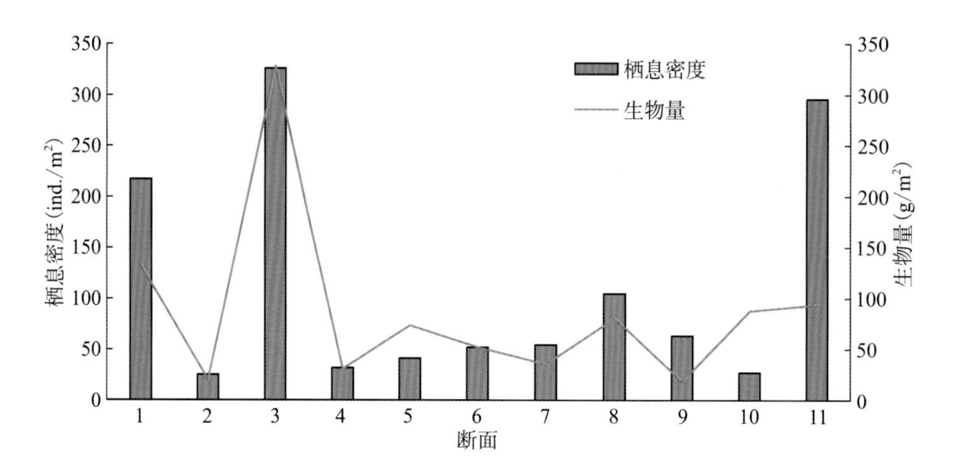

图2-12
江苏省沿海滩涂夏季各断面底栖生物的生物量和栖息密度的对比

（2）栖息密度和生物量分布

软体类的栖息密度和生物量均为最高，腔肠类的栖息密度最低，腕足类的生物量最低（图2-13和图2-14）。从空间分布上看，由南向北基本呈现由高到低再到高的趋势，其中中北部地区大部分为淤泥质，不利于生物存活（图2-15和图2-16）。

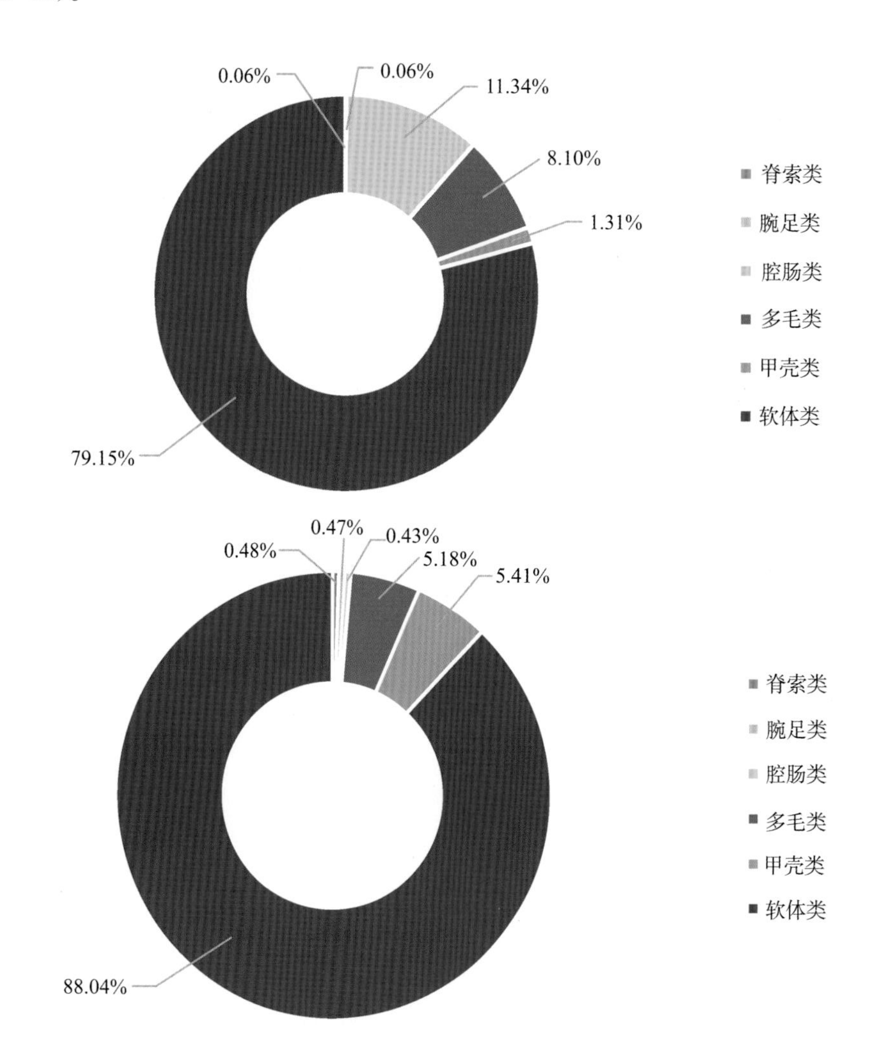

图2-13
江苏省沿海滩涂夏季底栖生物的栖息密度百分比

图2-14
江苏省沿海滩涂夏季底栖生物的生物量百分比

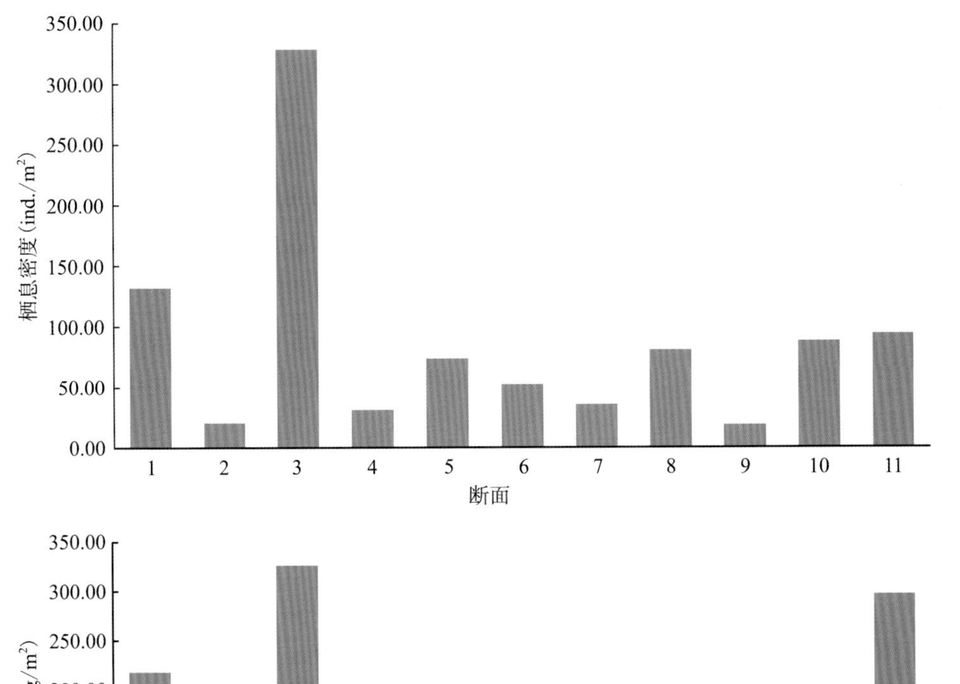

图2-15
江苏省沿海潮间带11个断面底栖生物的栖息密度分布情况

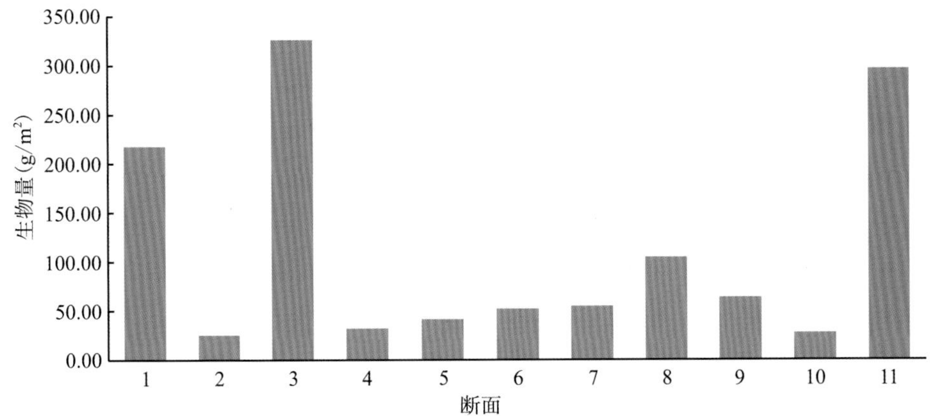

图2-16
江苏省沿海潮间带11个断面底栖生物的生物量分布情况

江苏省沿海滩涂夏季底栖生物的栖息密度和生物量分布在各潮区之间也不尽相同。各潮区平均栖息密度为中潮区＞高潮区＞低潮区，高潮区最高为第1断面，平均栖息密度为112.00 ind./m^2；中潮区最高为第1断面，平均栖息密度为129.33 ind./m^2；低潮区最高为第11断面，平均栖息密度为166.00 ind./m^2。各潮区平均生物量同样为中潮区＞高潮区＞低潮区，高潮区生物量最高的为第3断面（110.49 g/m^2），中潮区生物量最高同为第3断面（89.34 g/m^2），低潮区生物量最高为第1断面（128.35 g/m^2）；其中，软体类平均生物量最高（75.65 g/m^2），主要为文蛤和泥螺（表2-16、图2-17和图2-18）。

表2-16　江苏省沿海滩涂夏季不同潮区各断面底栖生物的栖息密度及生物量分布

		断面											平均值
		1	2	3	4	5	6	7	8	9	10	11	
高潮区	生物量（g/m^2）	53.73	4.16	110.49	13.11	8.93	12.33	24.94	49.36	12.67	10.77	39.50	30.91
	栖息密度（ind./m^2）	74.67	7.33	112.00	10.67	8.00	10.67	36.00	82.67	28.67	8.67	30.67	37.27

续表

		断面											平均值
		1	2	3	4	5	6	7	8	9	10	11	
中潮区	生物量（g/m²）	75.71	11.18	89.34	9.40	31.97	26.16	7.88	17.33	2.69	46.74	21.97	30.94
	栖息密度（ind./m²）	129.33	12.67	126.67	8.67	12.00	11.33	13.33	12.67	16.67	11.33	99.33	41.27
低潮区	生物量（g/m²）	2.27	4.99	128.35	8.64	32.56	13.55	2.60	13.78	3.18	30.19	32.24	24.76
	栖息密度（ind./m²）	13.33	5.33	87.33	12.67	21.33	30.00	5.33	9.33	18.00	7.33	166.00	34.18

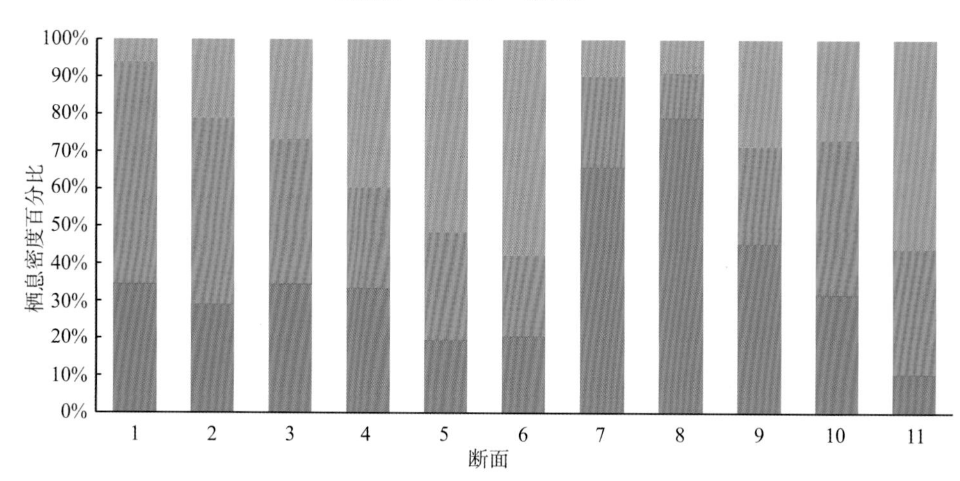

图2-17
江苏省沿海滩涂夏季各潮区不同断面底栖生物的栖息密度百分比

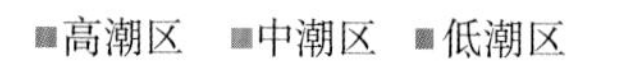

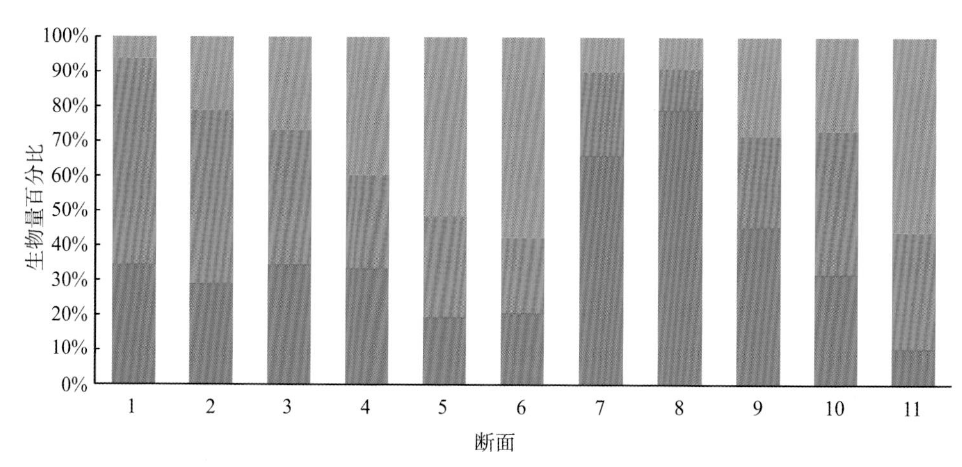

图2-18
江苏省沿海滩涂夏季各潮区不同断面底栖生物的生物量百分比

2.4.6 物种多样性

采用香农多样性指数（Shannon's diversity index）来估算群落多样性的高低。计算公式如下。

$$H' = -\sum_{i=1}^{S} p_i \ln p_i$$

式中：S表示总的物种数，p_i表示第i个种占总数的比例（Pielou 1975）。当群落中只有一个居群存在时，香农多样性指数达最小值0；当群落中有两个以上的居群存在，且每个居群仅有一个成员时，香农多样性指数达到最大值。

物种均一度用来描述物种中个体的相对丰富度或所占比例。群落的均一度可以用J（Pielou's evenness index），其中H'为香农多样性指数，$H'max$是H'的最大值。公式如下。

$$J = \frac{H'}{H'_{max}} \qquad H'_{max} = -\sum_{i=1}^{S} \frac{1}{S} \ln \frac{1}{S} = \ln S$$

统计表明，江苏省沿海滩涂夏季底栖生物的多样度指数在各站的变化幅度为0.22～2.74，平均值为1.37；均一度变化幅度为0.07～0.89，平均值为0.44（表2-17）。

表2-17　江苏省沿海潮间带夏季各断面底栖生物多样性指数

断面		多样性指数（H'）	均一度指数（J）
1	黄金海滩	1.18	0.38
2	近海镇	1.73	0.56
3	东凌港	1.60	0.52
4	环港镇	1.93	0.62
5	条子泥	1.46	0.47
6	大丰竹港	1.46	0.47
7	大丰王港	1.30	0.42
8	射阳港	1.07	0.35
9	二道垛子	0.43	0.14
10	小洼港	2.74	0.89
11	海头港	0.22	0.07
平均值		1.37	0.44

2.5 · 江苏省沿海滩涂秋季底栖生物资源分布结果与分析

2.5.1 · 环境参数

南通地区（1～4断面）盐度为31.75‰±1.30‰，盐城地区（5～8断面）盐度为29.00‰±1.22‰，连云港地区（9～11断面）盐度为26.00‰±0.82‰。在这3个城市中，南通地区盐度最高，连云港地区盐度最低，其中南通地区又以第2和第4断面（近海镇和环港镇）盐度较高（表2-18）。采样时，11个断面的平均温度为21.99℃。

表2-18 江苏省沿海滩涂秋季各断面环境参数

断面	名称	盐度（‰）	温度（℃）
1	黄金海滩	30	16.8
2	近海镇	33	18.7
3	东凌港	31	17.1
4	环港镇	33	18.3
5	条子泥	30	21.5
6	大丰竹港	29	23.2
7	大丰王港	30	21.1
8	射阳港	27	28.7
9	二道垛子	27	29.4
10	小洼港	25	24.4
11	海头港	26	22.7

2.5.2 · 种类组成

江苏省沿海滩涂秋季调查共鉴定出底栖生物48种，其中软体类居首位（25种），占52.08%；其次是甲壳类（13种），占27.08%；多毛类居第三位（7种），占14.58%；腔肠类2种，占4.17%；腕足类1种，占2.08%（图2-19）。软体类和节肢类是构成该区域底栖生物的主要类群，两者之和约占总种数的79.17%。

秋季南通地区（1～4断面）的底栖生物种类最多，共62种；其次为连云港地区（9～11断面），共42种；盐城地区（5～8断面）种类数最少，共34种（表2-19）。研究结果表明，底栖生物种类数的空间变化主要取决于软体类、多毛类和甲壳类这三个类群种数的变化，且与当地气候、水温和底质相关。

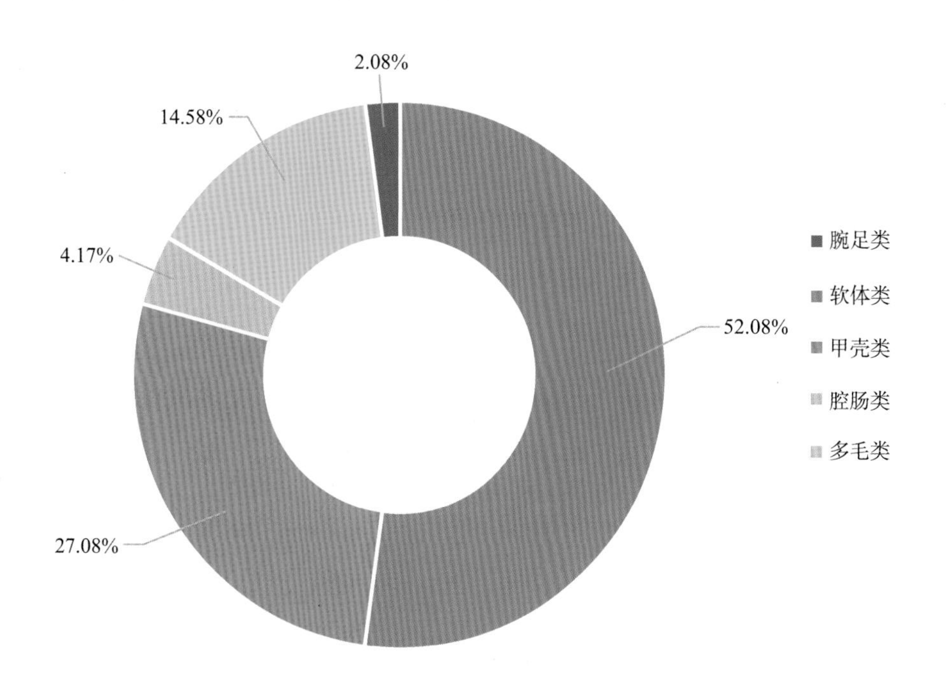

图2-19
江苏省沿海滩涂秋季底栖生物种类百分比组成

表2-19　江苏省沿海滩涂秋季各城市底栖生物种类组成及百分比

城市	软体类		甲壳类		腕足类		多毛类		腔肠类		总数	
	种数	百分比（%）	种数	百分比（%）	种数	百分比（%）	种数	百分比（%）	种数	百分比（%）	种数	百分比（%）
南通	16	48.48	9	27.27	1	3.03	6	18.18	1	3.03	33	100.00
盐城	9	52.94	4	23.52	0	0.00	4	23.53	0	0.00	17	100.00
连云港	19	65.51	5	17.24	1	3.44	3	10.34	1	3.44	29	100.00

2.5.3 · 种类空间分布

江苏省沿海滩涂秋季各断面底栖生物种类范围为6～22。其中，位于南通的东凌港区域底栖生物种类最多，共22种；位于盐城射阳的射阳港区域底栖生物种类最少，为6种；除此以外，盐城如大丰竹港、大丰王港和连云港小洼港这三个区域的底栖生物种类也较少，分别为7种、8种和8种（表2-20和表2-21）。几个种类数较少的区域大多为淤泥底质。江苏省沿海滩涂秋季底栖生物种类数的空间变化大致呈现由东凌港、二道垛子和海头港的两侧递减的趋势。

表2-20 江苏省沿海滩涂秋季各断面底栖生物种类组成及百分比

断面	名称	腔肠类		多毛类		甲壳类		软体类		腕足类		总数	
		种数	百分比（%）	种数	百分比（%）	种数	百分比（%）	种数	百分比（%）	种数	百分比（%）	种数	百分比（%）
1	黄金海滩	0	0.00	3	30.00	0	0.00	7	70.00	0	0.00	10	100.00
2	近海镇	1	6.25	2	12.50	5	31.25	7	43.75	1	6.25	16	100.00
3	东凌港	0	0.00	3	13.64	6	27.27	12	54.55	1	4.55	22	100.00
4	环港镇	0	0.00	3	21.43	3	21.43	8	57.14	0	0.00	14	100.00
5	条子泥	0	0.00	2	15.38	2	15.38	9	69.23	0	0.00	13	100.00
6	大丰竹港	0	0.00	2	28.57	1	14.29	4	57.14	0	0.00	7	100.00
7	大丰王港	0	0.00	2	25.00	2	25.00	4	50.00	0	0.00	8	100.00
8	射阳港	0	0.00	1	16.67	1	16.67	4	66.67	0	0.00	6	100.00
9	二道垛子	0	0.00	0	0.00	2	13.33	12	80.00	1	6.67	15	100.00
10	小洼港	0	0.00	1	12.50	2	25.00	5	62.50	0	0.00	8	100.00
11	海头港	1	5.26	3	15.79	3	15.79	11	57.89	1	5.26	19	100.00

表2-21 江苏省沿海滩涂秋季各断面底栖生物种类分布

门类	物种	断面										
		1	2	3	4	5	6	7	8	9	10	11
腔肠类	海笔	−	+	−	−	−	−	−	−	−	−	−
	中华仙影海葵	−	−	−	−	−	−	−	−	−	−	+
多毛类	花索沙蚕	+	+	+	−	−	−	−	−	−	−	−
	拟突齿沙蚕	−	−	−	−	−	−	+	−	−	−	−
	双齿围沙蚕	−	−	+	−	−	+	−	−	−	−	+
	异足索沙蚕	−	−	−	+	−	−	−	−	−	−	−
	缨鳃虫	−	−	−	+	−	−	−	−	−	−	−
	中华齿吻沙蚕	+	+	+	+	+	+	+	−	−	+	+
	中锐吻沙蚕	+	−	−	−	+	−	−	+	−	−	+
甲壳类	刀额新对虾	−	+	−	−	−	−	−	−	−	−	−
	豆形拳蟹	−	−	−	−	−	−	−	−	−	−	+
	红螯相手蟹	−	−	−	−	−	−	−	−	−	+	−
	红线黎明蟹	−	−	+	−	−	−	−	−	−	−	−
	脊尾白虾	−	+	−	−	−	−	−	−	−	−	−
	宽身大眼蟹	−	+	+	+	+	+	+	−	−	−	−
	三角藤壶	−	−	+	+	−	−	−	−	−	−	−

续表

门类	物种	断面										
		1	2	3	4	5	6	7	8	9	10	11
甲壳类	三疣梭子蟹	–	–	+	+	–	–	+	–	+	+	+
	天津厚蟹	–	–	–	–	+	–	–	–	+	–	–
	纹藤壶	–	–	+	–	–	–	–	+	–	–	–
	细螯虾	–	+	–	–	–	–	–	–	–	–	–
	异细螯寄居蟹	–	+	+	–	–	–	–	–	–	–	–
	紫隆背蟹	–	–	–	–	–	–	–	–	–	–	+
软体类	白带笋螺	–	–	+	–	+	–	–	–	+	–	+
	半褶织纹螺	+	+	–	–	–	–	–	–	+	–	–
	彩饰榧螺	–	+	–	+	–	–	–	–	–	–	–
	朝鲜笋螺	+	+	+	–	–	–	–	–	–	–	–
	短文蛤	–	–	+	–	–	–	–	–	–	–	–
	菲律宾蛤仔	–	–	–	–	–	–	–	–	–	–	+
	虹光亮樱蛤	–	–	+	+	+	+	+	+	–	+	–
	焦河蓝蛤	–	–	–	–	+	–	–	–	+	–	+
	节织纹螺	–	–	+	+	+	–	–	–	+	–	+
	结晶亮螺	–	–	+	–	–	–	–	–	–	–	–
	毛蚶	–	–	–	–	–	–	–	–	+	–	+
	泥螺	+	+	–	+	+	+	+	+	+	–	–
	苹果峨螺	–	–	–	–	–	–	–	–	+	–	–
	四角蛤蜊	+	–	+	+	+	+	+	+	–	–	+
	托氏蜎螺	+	+	+	+	+	+	+	+	+	–	–
	微黄镰玉螺	–	+	+	–	+	–	–	–	–	+	+
	文蛤	+	–	+	+	–	–	–	–	–	–	–
	西格织纹螺	–	–	–	–	–	–	–	–	–	+	–
	显眼栉笋螺	–	–	–	–	–	–	–	–	+	–	–
	秀丽织纹螺	–	+	+	+	–	–	–	–	+	+	+
	锈凹螺	–	–	–	–	–	–	–	–	+	–	–
	寻氏肌蛤	–	–	–	–	–	–	–	–	–	–	+
	长竹蛏	–	–	+	–	–	–	–	–	–	–	–
	紫贻贝	–	–	–	–	–	–	–	–	–	–	+
	纵肋织纹螺	+	–	–	–	+	–	–	–	+	+	+
腕足类	海豆芽	–	+	+	–	–	–	–	–	+	–	+

2.5.4 优势种

采用相对重要性指数IRI（Pinaka. 1971）作为研究某种滩涂生物在群落中所占的重要性。计算公式如下。

$$IRI=(N+W)\times F\times 10^4$$

式中：N为某一种的个数占总数的百分比，W为某一种的重量占总重量的百分比，F为某一种出现的站次数占调查总站次数的百分比。规定IRI大于1 000的为优势种，100<IRI<1 000为主要种。

江苏省沿海滩涂秋季优势种为托氏蜎螺，主要种为焦河蓝蛤、四角蛤蜊、文蛤、泥螺、海豆芽和宽身大眼蟹（表2-22）。

表2-22 江苏省沿海滩涂秋季底栖生物优势种构成

物种	个数	栖息密度百分比（%）	生物量（g/m²）	平均生物量（g/m²）	生物量百分比（%）	次数	出现频率（%）	优势度
托氏蜎螺	614	34.75	348.47	22.13	16.55	35	55.56	2 850.15
焦河蓝蛤	389	22.01	211.41	13.42	10.04	12	19.05	610.63
四角蛤蜊	48	2.72	408.65	25.95	19.41	17	26.98	597.16
文蛤	60	3.40	508.85	32.31	24.17	9	14.29	393.84
泥螺	91	5.15	123.25	7.83	5.86	18	28.57	314.43
海豆芽	165	9.34	80.99	5.14	3.85	12	19.05	251.15
宽身大眼蟹	39	2.21	41.80	2.65	1.99	17	26.98	113.14
中华齿吻沙蚕	50	2.83	5.19	0.33	0.25	20	31.75	97.66
秀丽织纹螺	35	1.98	12.44	0.79	0.59	13	20.63	53.07

①托氏蜎螺：生活在潮间带的泥沙滩上，退潮后在滩涂上继续爬行，有时独行，有时聚集成群。本次调查中，托氏蜎螺的平均生物量为22.13 g/m²。

②焦河蓝蛤：营埋居生活的双壳类软体动物，它们生活的底质通常为泥质沙底，埋居的深浅随个体大小及季节变化而异，喜欢栖息于海岸河口内湾潮间带的中、低潮区的泥沙滩中。本次调查中，焦河蓝蛤的平均生物量为13.42 g/m²。

③四角蛤蜊：是江苏省常见的底栖经济贝类，营养价值高。主要栖息于潮间带中、下区及浅海的泥沙滩中。本次调查中，四角蛤蜊的平均生物量为25.95 g/m²。

④文蛤：是江苏省常见的底栖经济贝类，营养价值高、分布广，主要生活在中潮区以下。本次调查中，文蛤的平均生物量为32.31 g/m^2。

⑤泥螺：是潮间带底栖动物，生活在中低潮区泥沙质或泥质的滩涂上，退潮后在滩涂表面爬行，在阴雨或天气较冷时，潜于泥沙表层1～3 cm处，不易被人发现，日出后又爬出觅食。本次调查中，泥螺的平均生物量为7.83 g/m^2。

⑥海豆芽：外形呈壳舌形或长卵形，穴居于浅海泥滩，绝大部分时间在洞穴里，只靠外套膜上面三个管子和外界接触。本次调查中，海豆芽的平均生物量为5.14 g/m^2。

⑦宽身大眼蟹：为沙蟹科大眼蟹属的动物，常见穴居于近海或河口的泥滩上，栖息于低潮线附近的泥滩上，爬行迅速。本次调查中，宽身大眼蟹的平均生物量为2.65 g/m^2。

2.5.5 · 生物量

（1）生物量组成

江苏省沿海滩涂秋季底栖生物平均生物量为134.4 g/m^2，平均栖息密度为110.84 ind./m^2。在数量组成中，生物量组成以软体类居首位（121.51 g/m^2），甲壳类居第二位（5.99 g/m^2），腕足类居第三位（4.91 g/m^2）；栖息密度以软体类居首位（89.33 ind./m^2），腕足类居第二位（10 ind./m^2），多毛类居第三位（6.85 ind./m^2）。腔肠类的平均生物量和平均栖息密度均较低（表2-23和图2-20）。

表2-23 江苏省沿海滩涂秋季底栖生物各类群栖息密度和生物量分布

门类	种数	总栖息密度（ind./m^2）	平均栖息密度（ind./m^2）	总生物量（g/m^2）	平均生物量（g/m^2）
腔肠类	2	3.3	0.3	0.88	0.08
多毛类	7	75.35	6.85	21.01	1.91
甲壳类	13	47.96	4.36	65.89	5.99
软体类	25	982.63	89.33	1 336.61	121.51
腕足类	1	110	10	54.01	4.91
总计	48	1 219.24	110.84	1 478.4	134.4

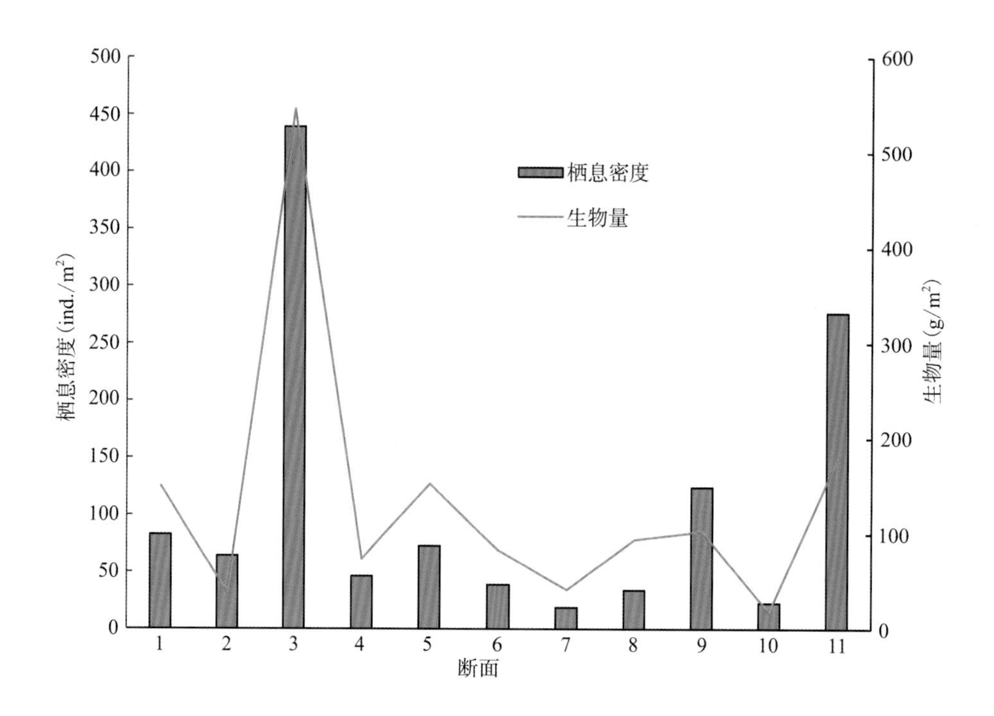

图2-20
江苏省沿海滩涂秋季各断面底栖生物的生物量和栖息密度的对比

（2）栖息密度和生物量分布

软体类栖息密度和生物量均为最高，腔肠类栖息密度和生物量均最低（图2-21和图2-22）。从空间分布上来看，第3断面南通东凌港的栖息密度最高，生物量第一（图2-23和图2-24）。栖息密度以软体类居首位（89.33 ind./m^2），腕足类居第二位（10 ind./m^2），多毛类居第三位（6.85 ind./m^2）（表2-23）。从空间分布上来看，由南向北基本呈下降趋势，可能由于滩涂南部为粉砂淤泥质，气候适宜、温度适中，因此贝类较多、栖息密度高、生物量较大。北部滩涂为淤泥质，因此贝类少，除生物量较多的第9断面二道垛子和第11断面海头港之外，滩涂北部的栖息密度与生物量均不如南部丰富。

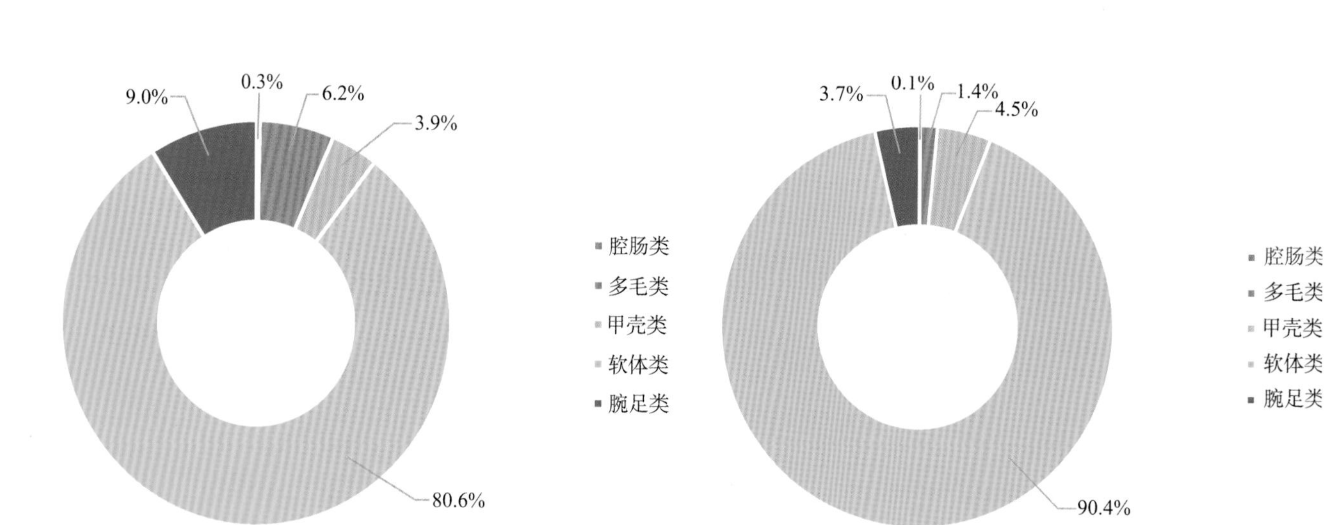

图2-21
江苏省沿海滩涂秋季底栖生物的栖息密度百分比

图2-22
江苏省沿海滩涂秋季底栖生物的生物量百分比

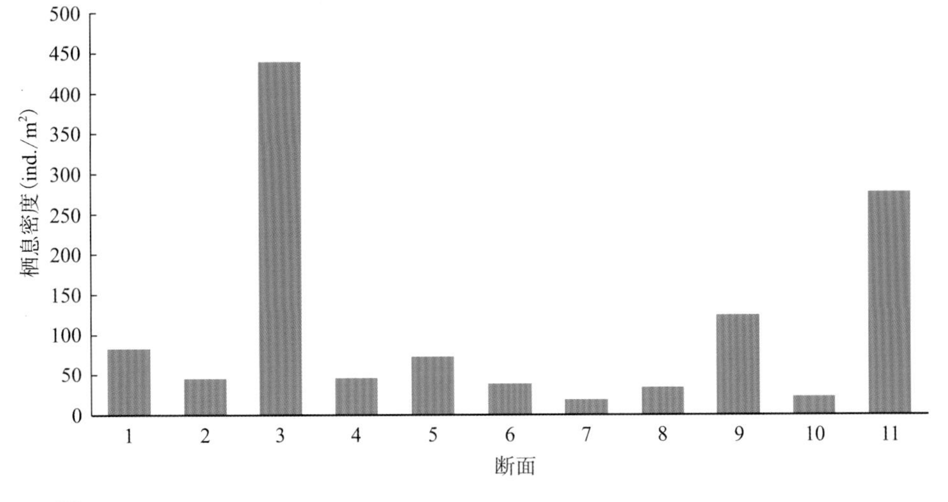

图2-23
江苏省沿海滩涂秋季各断面底栖生物的栖息密度分布

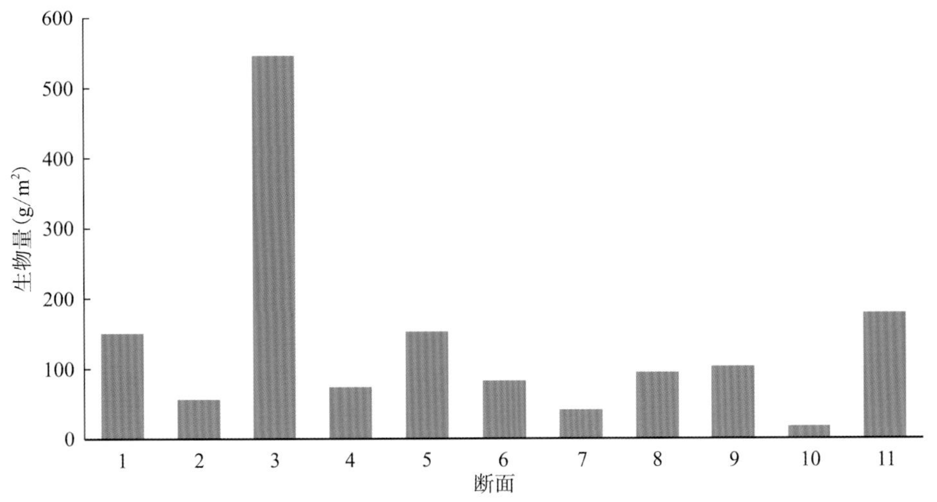

图2-24
江苏省沿海滩涂秋季各断面底栖生物的生物量分布

江苏省沿海滩涂底栖生物的栖息密度和生物量分布，在各潮区之间也不尽相同。各潮区生物的平均栖息密度大小为中潮区＞高潮区＞低潮区，高潮区第3断面平均栖息密度最高，为136.00 ind./m^2；中潮区最高同样为第3断面，平均栖息密度为231.33 ind./m^2；低潮区最高也为第3断面，平均栖息密度为72.00 ind./m^2。各潮区平均生物量为中潮区＞高潮区＞低潮区，其中高潮区第3断面生物量最高（138.99 g/m^2），中潮区生物量最高同样为第3断面（252.97 g/m^2），低潮区生物量最高也为第3断面（154.06 g/m^2）。比较各断面不同潮区的栖息密度及生物量分布可以看出，除少数断面高潮区或低潮区的栖息密度和生物量较高外，大多数断面均为中潮区较高（表2-24、图2-25和图2-26）。

表2-24 江苏省沿海滩涂秋季不同潮区各断面底栖生物的栖息密度及生物量分布

		断面											平均值
		1	2	3	4	5	6	7	8	9	10	11	
高潮区	栖息密度（ind./m²）	54.67	10.00	136.00	23.33	39.33	15.33	12.67	18.00	18.00	5.33	120.00	41.15
	生物量（g/m²）	109.36	9.54	138.99	41.30	57.78	34.17	31.49	35.17	16.69	3.76	58.00	48.75
中潮区	栖息密度（ind./m²）	12.00	13.33	231.33	16.00	16.00	17.33	6.00	8.67	46.67	4.00	100.67	42.91
	生物量（g/m²）	37.36	6.21	252.97	27.68	89.13	48.15	9.85	41.83	25.53	5.14	73.96	56.16
低潮区	栖息密度（ind./m²）	16.00	21.95	72.00	6.67	17.33	6.00	0.00	7.33	59.33	13.33	56.00	25.09
	生物量（g/m²）	3.47	40.67	154.06	4.71	5.77	0.58	0.00	17.31	60.48	9.16	46.88	31.19

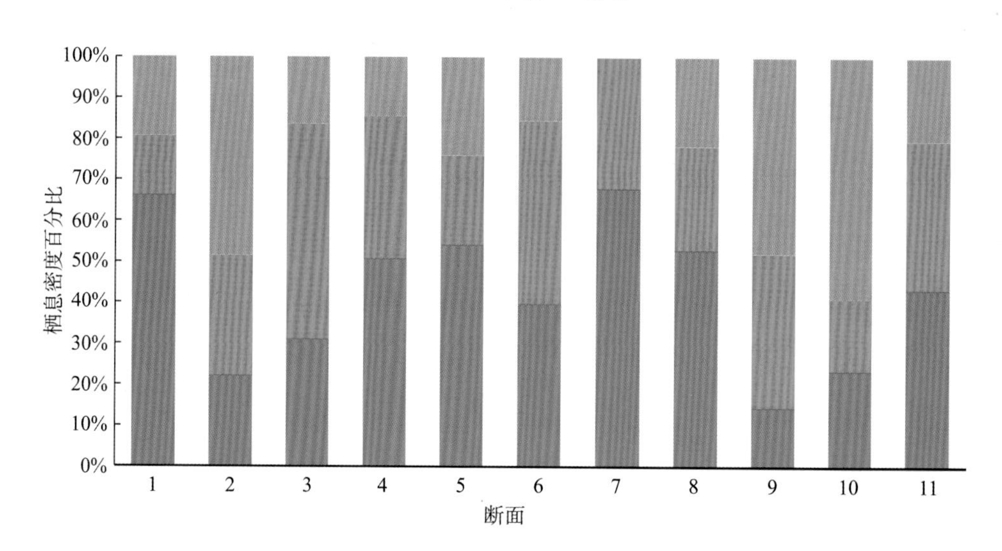

图2-25
江苏省沿海滩涂秋季各潮区不同断面底栖生物的栖息密度百分比

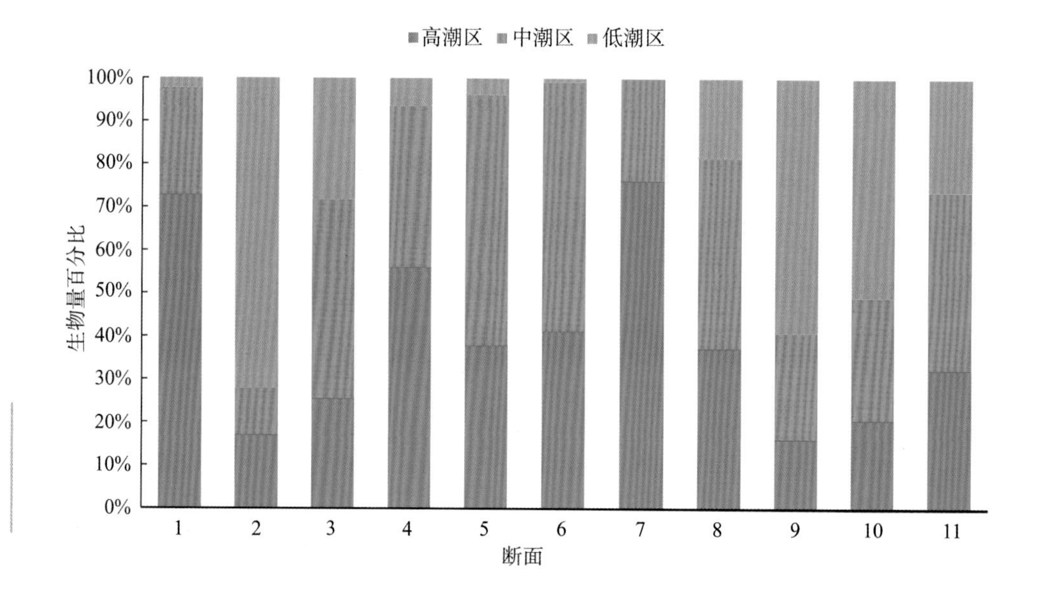

图2-26
江苏省沿海滩涂秋季各潮区不同断面底栖生物的生物量百分比

2.5.6 · 物种多样性

采用香农多样性指数（Shannon's diversity index）来估算群落多样性的高低。公式如下。

$$H' = -\sum_{i=1}^{S} p_i \ln p_i$$

式中：S表示总的物种数，P_i表示第i个种占总数的比例（Pielou 1975）。当群落中只有一个居群存在时，香农多样性指数达最小值0；当群落中有两个以上的居群存在，且每个居群仅有一个成员时，香农多样性指数达到最大值。

物种均一度用来描述物种中的个体的相对丰富度或所占比例。群落的均一度可以用J（Pielou's evenness index）表示，H'为香农多样性指数，$H'max$是H'的最大值。公式如下。

$$J = \frac{H'}{H'_{\max}} \qquad H'_{\max} = -\sum_{i=1}^{S} \frac{1}{S} \ln \frac{1}{S} = \ln S$$

统计表明，江苏省沿海滩涂秋季底栖动物的多样性指数在各站的变化幅度为0.55～2.32，均值为1.6；均一度指数变化幅度为0.14～0.58，均值为0.41（表2-25）。

表2-25　江苏省沿海滩涂秋季各断面底栖生物多样性指数

断面		多样性指数（H'）	均一度指数（J）
1	黄金海滩	1.76	0.46
2	近海镇	1.33	0.34
3	东凌港	1.46	0.38
4	环港镇	2.26	0.58
5	条子泥	1.67	0.43
6	大丰竹港	1.53	0.39
7	大丰王港	2.32	0.60
8	射阳港	1.28	0.33
9	二道垛子	1.88	0.48
10	小洼港	1.58	0.41
11	海头港	0.55	0.14
平均值		1.60	0.41

2.6 · 江苏省沿海滩涂冬季底栖生物资源分布结果与分析

2.6.1 · 环境参数

南通地区（1～4断面）盐度为32.00‰±3.08‰，盐城地区（5～8断面）盐度为26.75‰±6.30‰，连云港地区（9～11断面）31.33‰±1.25‰。在这3个城市中，南通地区盐度最高，盐城地区盐度最低，其中南通地区又以第4断面环港镇盐度最高（表2-26）。采样时11个断面的平均温度为5.35 ℃。

表2-26 江苏省沿海滩涂冬季各断面环境参数

断面	名称	盐度（‰）	温度（℃）
1	黄金海滩	27	12.8
2	近海镇	32	4.0
3	东凌港	34	3.9
4	环港镇	35	3.6
5	条子泥	34	4.3
6	大丰竹港	26	6.4
7	大丰王港	17	6.2
8	射阳港	30	2.7
9	二道垛子	31	3.9
10	小洼港	30	6.4
11	海头港	33	4.6

2.6.2 · 种类组成

江苏省沿海滩涂冬季共鉴定出底栖生物38种，其中软体类居首位（22种），占57.89%；其次是甲壳类和多毛类（各6种），各占16.67%；腔肠类2种，棘皮类1种，腕足类1种。软体类、甲壳类和多毛类是构成该区域底栖生物的主要类群（图2-27）。根据各断面生物量得出，江苏省南部滩涂物种丰富度普遍高于北部。最北部的连云港由于具有独特的砾石海滩，其物种丰富度远高于其他断面。苏北监控区大型底栖生物的经济种主要有软体动物的四角蛤蜊、文蛤、青蛤和泥螺。

冬季南通地区（1～4断面）的底栖生物种类最多，共32种；其次为连云港地区（9～11断面），共20种；盐城地区（5～8断面）最少，共18种。研究结果表明，底栖生物种类数的空间变化主要取决于软体类、多毛类和甲壳类这三个类群种数的变化，且与当地气候、水温和底质相关（表2-27）。

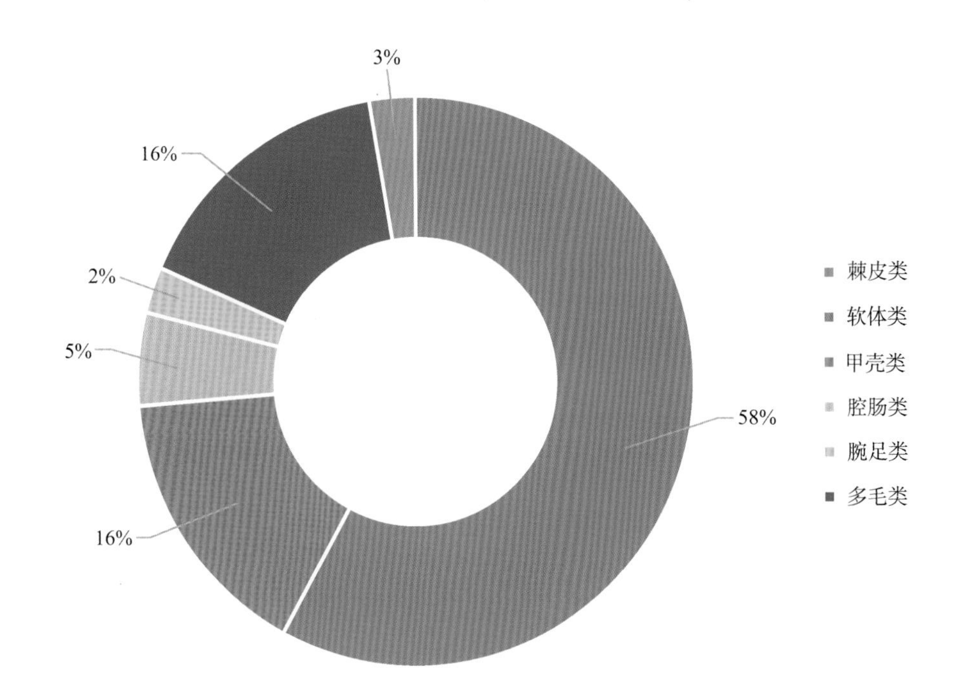

图2-27
江苏省沿海滩涂冬季底栖生物种类百分比组成

表2-27 江苏省沿海滩涂冬季各城市底栖生物种类组成及百分比

城市	软体类		甲壳类		腕足类		多毛类		腔肠类		棘皮类		总数	
	种数	百分比（%）	种数	百分比（%）	种数	百分比（%）	种数	百分比（%）	种数	百分比（%）	种数	百分比（%）	种数	百分比（%）
南通	20	62.50	5	15.63	1	3.13	4	12.50	1	3.13	1	3.13	32	100.00
盐城	12	66.67	3	16.67	1	5.56	2	11.11	0	0.00	0	0.00	18	100.00
连云港	12	60.00	2	10.00	1	5.00	4	20.00	1	5.00	0	0.00	20	100.00

2.6.3・种类空间分布

江苏省沿海滩涂冬季各断面底栖生物种类范围为3～17，其中位于南通启东的近海镇区域底栖生物种类最多，共17种；位于盐城大丰竹港区域的底栖生物种类最少，仅3种；盐城大丰王港、连云港二道垛子和连云港小洼港这三个区域的底栖生物种类也较少，分别为4种、5种和5种（表2-28和表2-29）。几个种类数较少的区域大多为淤泥底质。江苏省沿海滩涂冬季底栖生物种类数的空间变化大致呈现小波浪的趋势。

表2-28 江苏省沿海滩涂冬季各断面底栖生物种类组成及百分比

断面	名称	软体类		甲壳类		腕足类		多毛类		腔肠类		棘皮类		总数	
		种数	百分比（%）	种数	百分比（%）	种数	百分比（%）	种数	百分比（%）	种数	百分比（%）	种数	百分比（%）	种数	百分比（%）
1	黄金海滩	6	85.71	0	0.00	0	0.00	1	14.29	0	0.00	0	0.00	7	100.00
2	近海镇	8	47.06	2	11.76	1	5.88	4	23.53	1	5.88	1	5.88	17	100.00
3	东凌港	6	60.00	2	20.00	1	10.00	1	10.00	0	0.00	0	0.00	10	100.00
4	环港镇	10	71.43	2	14.29	1	7.14	1	7.14	0	0.00	0	0.00	14	100.00
5	条子泥	5	71.43	1	14.29	0	0.00	1	14.29	0	0.00	0	0.00	7	100.00
6	大丰竹港	2	66.67	0	0.00	0	0.00	1	33.33	0	0.00	0	0.00	3	100.00
7	大丰王港	2	50.00	1	25.00	0	0.00	1	25.00	0	0.00	0	0.00	4	100.00
8	射阳港	4	57.14	2	28.57	0	0.00	1	14.29	0	0.00	0	0.00	7	100.00
9	二道垛子	3	60.00	1	20.00	0	0.00	1	20.00	0	0.00	0	0.00	5	100.00
10	小洼港	3	60.00	2	40.00	0	0.00	0	0.00	0	0.00	0	0.00	5	100.00
11	海头港	7	46.67	2	13.33	1	6.67	4	26.67	1	6.67	0	0.00	15	100.00

表2-29 江苏省沿海滩涂冬季各断面底栖生物种类分布

门类	物种名称	断面										
		1	2	3	4	5	6	7	8	9	10	11
棘皮类	滩栖蛇尾	−	+	−	−	−	−	−	−	−	−	−
腔肠类	海鳃	−	+	−	−	−	−	−	−	−	−	−
	中华仙影海葵	−	−	−	−	−	−	−	−	−	−	+
多毛类	拟突齿沙蚕	−	−	−	−	−	−	−	−	+	−	+
	头吻沙蚕	−	−	−	−	−	−	−	−	−	−	+
	异足索沙蚕	−	+	−	−	−	−	−	−	−	−	−
	缨鳃虫	−	+	−	−	−	−	−	−	−	−	−
	中华齿吻沙蚕	+	+	+	+	+	+	+	+	−	−	+
	中锐吻沙蚕	−	+	−	+	−	−	−	−	−	−	+

续表

门类	物种名称	断面										
		1	2	3	4	5	6	7	8	9	10	11
甲壳类	豆形拳蟹	−	−	−	−	−	−	−	+	−	−	−
	红螯相手蟹	−	−	+	−	−	−	−	−	−	−	−
	宽身大眼蟹	−	+	+	+	+	−	+	+	+	+	+
	三角藤壶	−	+	−	−	−	−	−	−	−	−	−
	纹藤壶	−	−	−	+	−	−	−	−	−	+	+
	中国毛虾	−	+	−	−	−	−	−	−	−	−	−
软体类	白带笋螺	−	−	+	−	−	−	−	−	+	−	−
	半褶织纹螺	−	+	−	−	−	−	−	−	+	−	+
	扁玉螺	−	+	−	−	−	−	−	−	−	−	+
	伶鼬榧螺	−	−	−	+	−	−	−	−	−	−	−
	朝鲜笋螺	+	+	+	−	+	−	−	−	+	+	−
	短文蛤	−	−	+	−	−	−	−	−	−	−	−
	虹光亮樱蛤	−	−	+	+	−	+	+	+	−	−	−
	焦河蓝蛤	+	+	−	−	−	−	−	−	−	−	+
	节织纹螺	−	−	−	+	−	−	−	−	−	−	−
	结晶亮螺	−	−	−	+	−	−	−	−	−	−	−
	近江牡蛎	−	−	−	−	−	−	−	−	−	+	−
	泥螺	−	−	−	+	−	−	−	−	−	−	−
	青蛤	+	−	−	+	+	−	−	−	−	−	−
	四角蛤蜊	+	+	+	+	+	+	+	+	−	−	+
	托氏蜎螺	+	+	+	−	+	−	−	+	+	−	−
	微黄镰玉螺	−	−	−	+	−	−	−	−	−	−	+
	文蛤	+	+	+	+	−	−	−	−	−	−	−
	西格织纹螺	−	+	−	−	−	−	−	−	−	−	−
	显眼栉笋螺	−	+	−	−	−	−	−	−	+	−	−
	秀丽织纹螺	−	−	+	+	−	−	−	−	−	+	+
	紫彩血蛤	−	−	+	−	−	−	−	−	−	−	−
	纵肋织纹螺	−	−	−	−	−	−	−	−	−	−	+
腕足类	海豆芽	−	+	+	+	−	−	−	−	+	−	+

2.6.4 优势种

采用相对重要性指数IRI（Pinaka. 1971）作为研究某种滩涂生物在群落中所占的重要性。计算公式如下。

$$IRI=(N+W)\times F\times 10^4$$

式中：N为某一种的个数占总数的百分比，W为某一种的重量占总重量的百分比，F为某一种出现的站次数占调查总站次数的百分比。规定IRI大于1 000的为优势种，100＜IRI＜1 000为主要种。

江苏省沿海滩涂冬季主要种为托氏蜎螺、中华齿吻沙蚕、四角蛤蜊、海豆芽和虹光亮樱蛤（表2-30）。

①托氏蜎螺：属软体动物门，个体较小，贝壳表面有波纹状花纹。主要栖息于河口区沙滩或泥沙滩，密度较大，因其体型较小、采捕费时，因此较少利用，经济价值较低。本次调查中，托氏蜎螺的平均生物量为8.71 g/m²。

②中华齿吻沙蚕：国内主要分布于东海和南海沿海地区，国外日本有一定分布。本次调查中，中华齿吻沙蚕的平均生物量为1.29 g/m²。

③四角蛤蜊：生长于滩涂潮间带，为江苏省沿海重要经济贝类之一，四角蛤蜊属软体动物门。本次调查中，四角蛤蜊的平均生物量为25.48 g/m²。

④海豆芽：呈壳舌形或长卵形，后缘尖缩，前缘平直，两壳凸度相似，大小近等，但腹壳略长。本次调查中，海豆芽的平均生物量为5.48 g/m²。

⑤虹光亮樱蛤：贝壳长卵形，壳质薄脆。栖息在中、低潮带泥沙质的浅海沙底。本次调查中，虹光亮樱蛤的平均生物量为0.35 g/m²。

表2-30 江苏省沿海滩涂潮间带冬季底栖生物优势种构成

物种	个数	栖息密度百分比（%）	生物量（g/m²）	平均生物量（g/m²）	生物量百分比（%）	次数	出现频率（%）	优势度
托氏蜎螺	222	15.71	137.15	8.71	6.66	27	42.86	958.73
中华齿吻沙蚕	171	12.10	20.24	1.29	0.98	40	63.49	830.77
四角蛤蜊	32	2.26	401.36	25.48	19.49	19	30.16	656.02
海豆芽	162	11.46	86.25	5.48	4.19	11	17.46	273.30
虹光亮樱蛤	58	4.10	5.48	0.35	0.27	15	23.81	104.07
朝鲜笋螺	38	2.69	9.60	0.61	0.47	13	20.63	65.11
秀丽织纹螺	26	1.84	8.60	0.55	0.42	12	19.05	43.00
宽身大眼蟹	16	1.13	11.15	0.71	0.54	12	19.05	31.88

2.6.5 · 生物量

(1) 生物量组成

江苏省沿海潮间带冬季底栖生物平均生物量为154.59 g/m²，平均栖息密度为90.67 ind./m²。数量组成中生物量以软体类居首位（145.13 g/m²），腕足类居第二位（5.23 g/m²），多毛类居第三位（1.8g/m²）。栖息密度以软体类居首位（65.39 ind./m²），多毛类居第二位（13.15 ind./m²），腕足动物居第三位（9.82 ind./m²）（表2-31）。

底栖生物在不同断面的生物量和密度也有一定差异。其中，第11断面连云港海头港的栖息密度最高；第3断面东凌港生物量最高；第10断面连云港小洼港的栖息密度和生物量均最低（图2-28）。

表2-31　江苏省沿海滩涂冬季底栖生物各类群栖息密度与生物量分布

门类	种数	总栖息密度（ind./m²）	平均栖息密度（ind./m²）	总平均生物量（g/m²）	平均生物量（g/m²）
腔肠类	3	6.71	0.61	3.63	0.33
多毛类	6	144.65	13.15	19.8	1.8
甲壳类	6	18.7	1.7	23.1	2.1
软体类	22	719.29	65.39	1 596.43	145.13
腕足类	1	108.02	9.82	57.53	5.23
总计	38	997.37	90.67	1 700.49	154.59

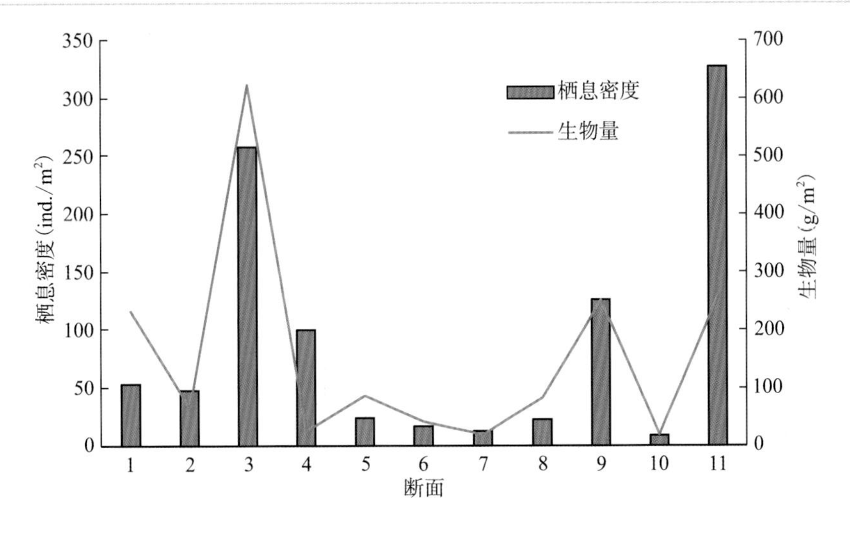

图2-28
江苏省沿海滩涂冬季各断面底栖生物的生物量和栖息密度的对比

(2) 栖息密度和生物量分布

软体类的栖息密度和生物量均为最高，腔肠类的栖息密度最低（图2-29和图2-30）。其中，第3断面南通东凌港的栖息密度最高，生物量第二；从空间分布上来看，由南向北基本呈下降趋势，可能由于滩涂南部为粉砂淤泥质，气候适宜，温度适中，因此贝类较多，栖息密度高，生物量较大。而北部滩涂为淤泥质，贝类少，除生物量较多的第11断面海头港之外，滩涂北部的栖息密度与生物量均不如南部丰富（图2-31和图2-32）。

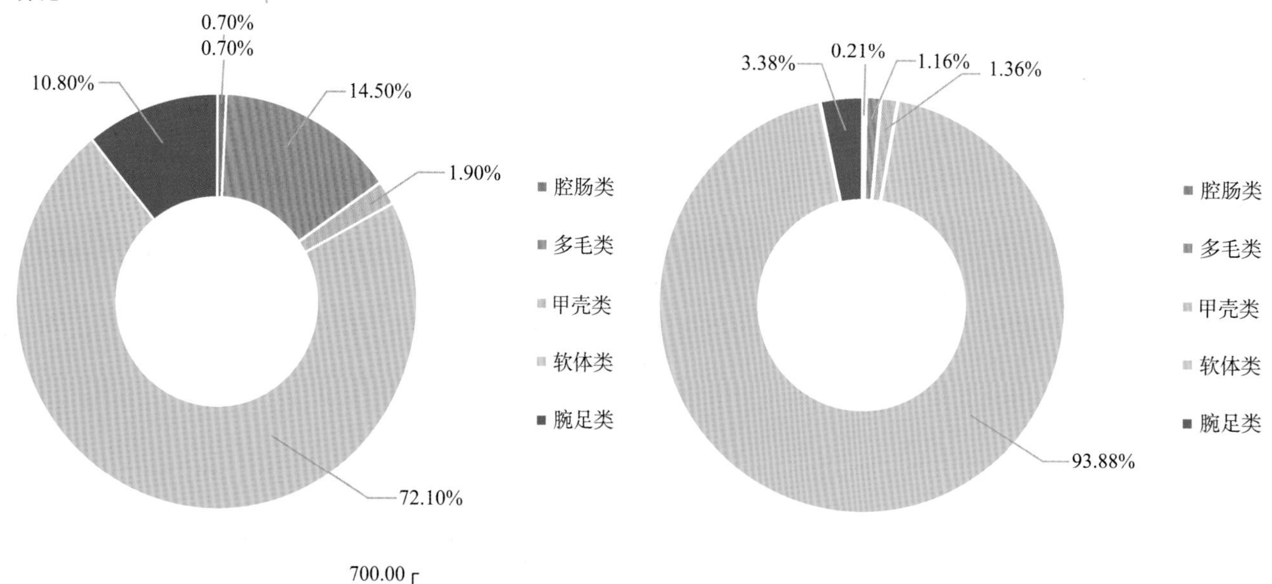

图2-29
江苏省沿海滩涂冬季潮间带底栖生物栖息密度百分比

图2-30
江苏省沿海滩涂冬季潮间带底栖生物生物量百分比

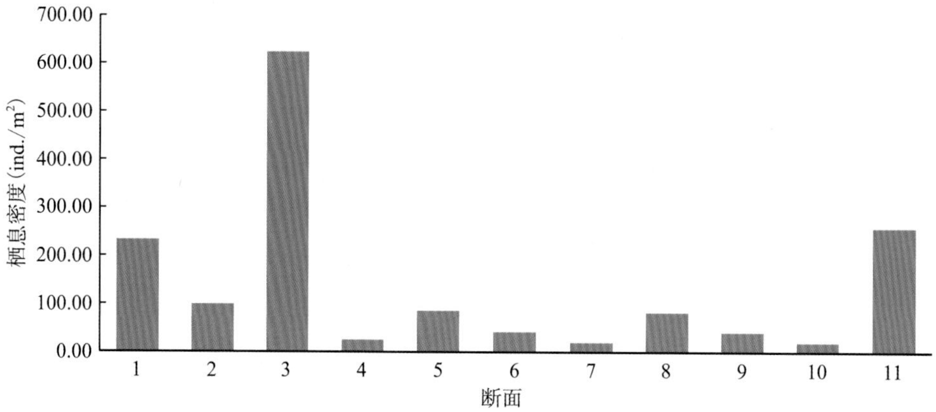

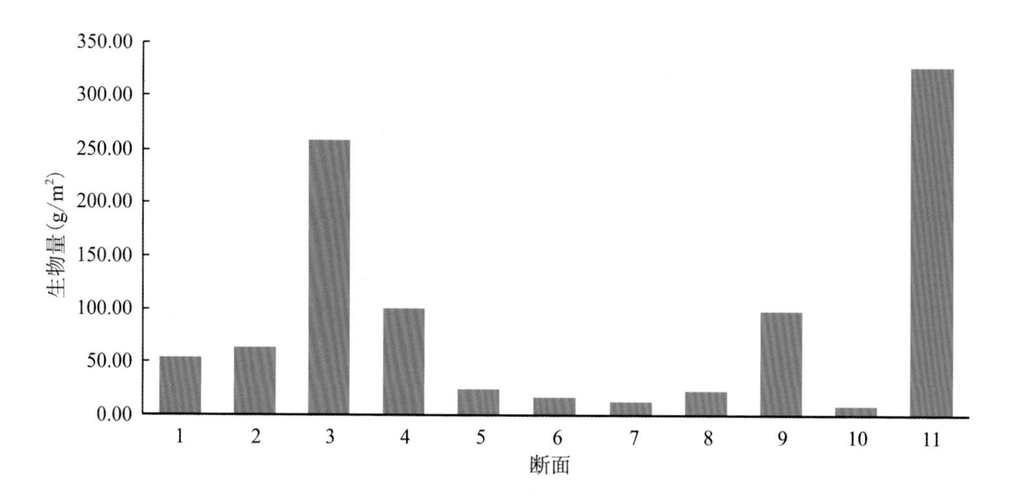

图2-31
江苏省沿海滩涂冬季各断面底栖生物的栖息密度分布

图2-32
江苏省沿海滩涂冬季各断面底栖生物的生物量分布

江苏省沿海滩涂冬季底栖生物的栖息密度和生物量分布，在各潮区之间也不尽相同。各潮区生物的平均栖息密度大小为低潮区＞中潮区＞高潮区，低潮区第三断面平均栖息密度最高，为121.33 ind./m²，中潮区最高为第11断面（152 ind./m²），高潮区同样是第11断面最高，为92.67 ind./m²；各潮区平均生物量为低潮区＞中潮区＞高潮区，其中低潮区生物量最高为297.15 g/m²，中潮区生物量最高为218.77 g/m²，高潮区生物量最高为107.32 g/m²（表2-32、图2-33和图2-34）。

表2-32 江苏省沿海滩涂冬季不同潮区各断面底栖生物栖息密度及生物量分布

		断面											平均值
		1	2	3	4	5	6	7	8	9	10	11	
高潮区	栖息密度（ind./m²）	17.33	14.00	41.33	52.67	0.67	7.33	6.00	8.67	60.00	2.00	92.67	27.52
	生物量（g/m²）	78.01	47.69	107.32	2.39	0.09	20.89	10.51	13.84	25.31	9.62	58.11	33.98
中潮区	栖息密度（ind./m²）	10.67	14.67	95.33	11.33	10.67	4.00	6.67	4.00	16.67	2.67	152.00	29.88
	生物量（g/m²）	77.69	1.72	218.77	0.96	17.39	19.71	8.32	26.79	8.63	5.37	120.19	45.96
低潮区	栖息密度（ind./m²）	25.33	34.38	121.33	36.00	12.67	5.33	0.00	10.00	20.67	4.00	82.67	32.03
	生物量（g/m²）	76.76	49.43	297.15	21.16	68.19	0.36	0.00	41.25	6.63	3.85	79.56	58.58

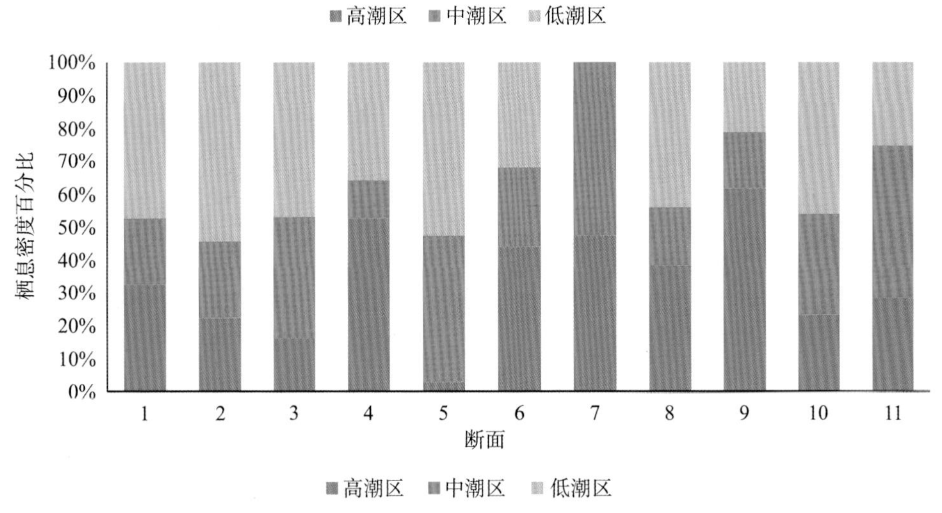

图2-33
江苏省沿海滩涂冬季各潮区不同断面底栖生物的栖息密度百分比

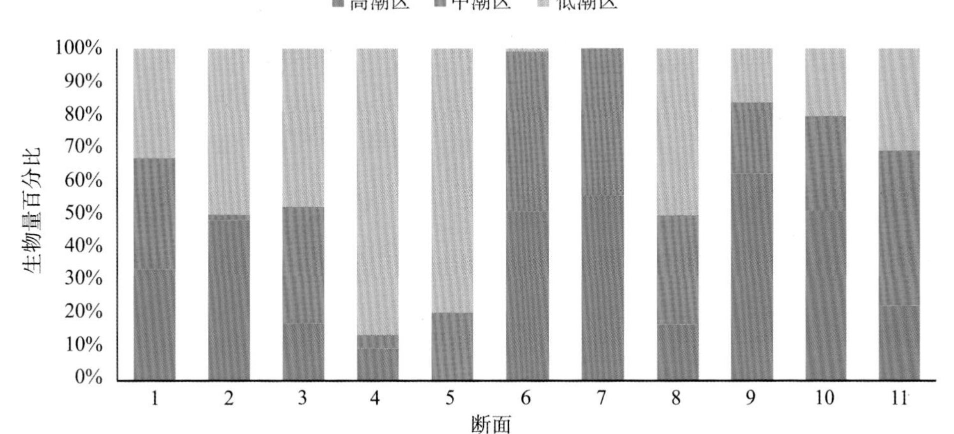

图2-34
江苏省沿海滩涂冬季各潮区不同断面底栖生物的生物量百分比

2.6.6 物种多样性

采用香农多样性指数（Shannon's diversity index）来估算群落多样性的高低。公式如下。

$$H' = -\sum_{i=1}^{S} p_i \ln p_i$$

式中：S表示总的物种数，p_i表示第i个种占总数的比例（Pielou 1975）。当群落中只有一个居群存在时，香农多样性指数达最小值0；当群落中有两个以上的居群存在，且每个居群仅有一个成员时，香农多样性指数达到最大值。

物种均一度用来描述物种中的个体的相对丰富度或所占比例。群落的均一度可以用J（Pielou's evenness index）表示，H'为香农多样性指数，$H'max$是H'的最大值。公式如下。

$$J = \frac{H'}{H'_{max}} \qquad H'_{max} = -\sum_{i=1}^{S} \frac{1}{S} \ln \frac{1}{S} = \ln S$$

统计表明，江苏省沿海潮间带冬季底栖生物的多样度指数（H'）在各站的变化幅度为0.56～2.43，均值为1.38；均一度变化幅度为0.15～0.66，平均值为0.38（表2-33）。

表2-33　江苏省沿海滩涂潮间带冬季各断面底栖生物多样性指数

断面	名称	多样性指数（H'）	均一度指数（J）
1	黄金海滩	1.53	0.42
2	近海镇	2.43	0.67
3	东凌港	1.77	0.49
4	环港镇	1.95	0.53
5	条子泥	1.39	0.38
6	大丰竹港	0.66	0.18
7	大丰王港	1.03	0.28
8	射阳港	1.30	0.36
9	二道垛子	1.29	0.36
10	小洼港	1.26	0.35
11	海头港	0.56	0.15
平均值		1.38	0.38

2.7 · 讨论

2.7.1 · 自然环境对生物分布的影响

自然环境对大型底栖动物的影响主要表现在底质、纬度、栖息地水文等方面。生境底质可影响潮间带生物种类组成和数量分布。江苏省沿海滩涂水系以苏北沿岸流为主，水较浅。受当地气候季节性变化的影响，滩涂海水温度呈现明显的季节变化，水温对底栖动物生态特征的影响较为明显。

本次调查中，江苏省沿海潮间带各断面均以软体动物为主，初步推断主要原因在于江苏地区沿海环境主要为泥沙质滩涂、风浪较小、温度适宜、盐度适中，适合软体动物生长发育，并且江苏省沿海北部滩涂（连云港）底栖动物种类构成与南部滩涂（南通）有一定的区别，如环节动物种数显著增加、软体动物物种数减少，同时栖息密度及生物量较南部地区有显著降低。这可能是由于北部地区岩礁地段较多、泥沙滩较少，且北部水域泥沙含量较高、水体较为浑浊，导致底栖动物多样性较低。此外，潮差、断面的朝向、台风等自然灾害也可能对生物分布造成影响。

2.7.2 · 人类活动对生物分布的影响

生物多样性下降是目前国内外普遍存在的问题，生境破坏是生物多样性下降的首要原因之一。江苏省沿海潮间带的各种工业项目如港口、发电厂等在施工及运行过程中都给潮间带和浅海生境带来巨大的影响，如部分原始岸线已经被平直、陡峭的水泥堤坝所取代，潮间带生物的生境变窄、生境多样性降低，进而导致生物多样性降低、群落稳定性变差等问题。此外，各工业项目产生的废水、废渣将不可避免地给海岛、海岸环境带来威胁，潮间带底栖动物种类单一化程度越来越高，底栖动物群落结构发生变化，稳定性降低。

第三章

江苏省沿海滩涂表层沉积物质量评价

基于本次江苏省沿海滩涂生物调查，本章节对底栖生物环境底泥表层沉积物环境质量进行了评价，分析了沉积物中主要污染物的含量与空间分布，并解析其来源及评价沉积物环境质量状况。评价结果通过与该区域生物丰度分布相印证，可为江苏省沿海滩涂合理利用与环境保护提供科学依据。

3.1 · 调查区域

2017年7月7日～13日，盐城工学院项目组对江苏省沿海11个断面进行了夏季滩涂表层沉积物调查采样，项目组共分3个工作小组，第一小组负责启东和如东，第二小组负责东台、大丰和射阳，第三小组负责响水、连云和赣榆。调查对象是沿海滩涂沉积物中主要污染因子，包含重金属、多环芳烃、有机氯农药和多氯联苯。主要目标是调查江苏省沿海滩涂表层沉积物环境质量状况、分析污染因子主要来源、进行生态风险评价。此次调查共设监测站位66个，获得各类监测数据2 800余个。

3.2 · 污染源

污染源是指造成环境污染的污染物发生源，对于沿海滩涂来说，主要有沿岸陆地污染源和海上污染源。陆地污染源又包括工业污染、农业污染和生活污染，海上污染主要为船舶污染。江苏省沿海滩涂的沿岸分布着大量的入海河流，沿海工矿企业的排放物以及化肥农药使用后的残留物大部分都是通过地表径流进入海洋，对沿海滩涂生境造成破坏。

3.3 · 评价标准

本次滩涂表层沉积物质量调查监测依据《海洋沉积物质量》（GB 18668—2002）进行，对江苏省沿海滩涂表层沉积物中8种重金属（Cu、Pb、Zn、Cr、Cd、Ni、As和Hg）质量状况进行评价和分析。多环芳烃、多氯联苯以及有机氯农药采用沉积物质量标准（SQGs）进行评价分析。海洋沉积物质量标准如表3-1所示，沉积物质量标准如表3-2所示。

表3-1 海洋沉积物质量标准

重金属	指标		
	第一类	第二类	第三类
汞（Hg）	0.20	0.50	1.00
镉（Cd）	0.50	1.50	5.00
铅（Pb）	60.00	130.00	250.00
锌（Zn）	150.00	350.00	600.00
铜（Cu）	35.00	100.00	200.00
铬（Cr）	80.00	150.00	270.00
砷（As）	20.00	65.00	93.00
总有机碳（TOC）	2.00	3.00	4.00
石油类	500.00	1 000.00	1 500.00
六六六	0.50	1.00	1.50
滴滴涕	0.02	0.05	0.10
多氯联苯	0.02	0.20	0.60

表3-2 沉积物质量标准

PAHs	SQG[a]（ng/g）	
	ERL	ERM
Nap	160	2 100
Acy	16	500
Ace	44	640
Flu	19	540
Phe	240	1 500
Ant	85.3	1 100
Fla	600	5 100
Pyr	665	2 500
BaA	261	1 600
Chr	384	2 800
BbF	320	1 880
BkF	280	1 620
BaP	430	1 600
DBA	63.4	260
InP	—	—
BgP	430	1 600
ΣPCBs	22.7	180
α-HCH	—	—
β-HCH	—	—
δ-HCH	—	—
ΣHCHs	3	12 000
Heptachlor	0.5	6
Methoxychlor	—	—
ΣOCPs	—	—

注：SQG[a]值来自Long等人和MacDonald等人。

3.4 · 评价方法

3.4.1 · 地累积指数法

地累积指数法通常用于比较当前重金属检测浓度与工业化进程前的重金属水平，是研究沉积物中重金属污染的定量指标，用于评价现代沉积物中重金属的污染程度。通过计算当前重金属检测的浓度与工业化前该区域未污染的页岩重金属浓度的比值来评估该地区的污染程度。苏北浅滩工业化前重金属浓度选用1987年夏增禄的研究结果作为当地背景值。计算公式如下。

$$I_{geo}=\log_2（C_n/1.5B_n）$$

式中，I_{geo}为地累积指数，C_n为样品中重金属n的检测浓度，B_n是沉积岩（普通页岩）中该重金属n的地球化学背景值。根据I_{geo}的值，将污染水平划分为7个等级，即0～6级（表3-3）。

表3-3 地累积指数分级标准

I_{geo}	级别	污染程度
$I_{geo}\leq 0$	0	清洁
$0<I_{geo}\leq 1$	1	轻度
$1<I_{geo}\leq 2$	2	偏中度
$2<I_{geo}\leq 3$	3	中度
$3<I_{geo}\leq 4$	4	偏重度
$4<I_{geo}\leq 5$	5	重度
$I_{geo}>5$	6	严重

3.4.2 · 潜在生态风险指数法

1980年Håkanson首次提出将潜在单因子生态风险（E_r^i）和潜在综合生态风险（RI）用于评价重金属污染程度。该方法考虑了污染物的种类、含量、毒性水平和对水体的敏感性4个方面的因素，被广泛用于评估水体沉积物中污染物的潜在生态风险。公式如下。

$$C_f^i = C^i / C_n^i$$

$$E_r^i = T_r^i \cdot C_f^i$$

$$RI = \Sigma_{i=1}^n E_r^i$$

式中：C_f^i 是重金属n的污染指数，C^i 是重金属的测定浓度，C_n^i 是当地工业化前的重金属背景值（地球化学背景值），E_r^i 是单个重金属的潜在生态风险值，T_r^i 为单一重金属n的毒性系数［Cu、Pb、Zn、Cr、Cd、Ni、As和Hg的毒性系数分别为5、5、1、2、30、5、10和40（徐争启等，2008）］，*RI*为沉积物中n种重金属的综合潜在生态风险指数。E_r^i 和 *RI* 的评价标准如表3-4所示。

表3-4 潜在生态风险指数法评价标准

E_r^i	单污染物环境风险程度	*RI*	综合潜在生态风险程度
$E_r^i < 40$	轻微	$RI < 150$	轻微
$40 \leqslant E_r^i < 80$	中等	$150 \leqslant RI < 300$	中等
$80 \leqslant E_r^i < 160$	强	$300 \leqslant RI < 600$	强
$160 \leqslant E_r^i < 320$	很强	$RI \geqslant 600$	很强
$E_r^i \geqslant 320$	极强	—	—

3.5・沉积物理化性质

江苏省沿海浅滩沉积物中黏土含量的平均值为4.14%±0.53%，范围为0.00%～19.1%；淤泥含量的平均值为15.67%±1.95%，范围为0.00%～54.70%；砂含量的平均值为80.19%±2.47%，是最丰富的成分，范围为26.20%～100.00%。TOC含量的平均值为1.80%±0.96%，范围为0.28%～4.83%。

3.6・重金属

3.6.1・江苏省浅滩表层沉积物中重金属含量

江苏省沿海滩涂表层沉积物中8种重金属元素的平均含量由高到低依次为Ni>Zn>Cr>Cu>As>Pb>Cd>Hg。Cu的浓度为2.77～29.21 mg/kg（平均值为11.80 mg/kg±0.75 mg/kg），Pb为0.00～21.44 mg/kg（平均值1.05 mg/kg±0.45 mg/kg），

Zn为8.30～65.19 mg/kg（平均值37.50 mg/kg±1.47 mg/kg），Cr为2.70～31.07 mg/kg（平均值18.70 mg/kg±0.74 mg/kg），Cd为0.00～3.53 mg/kg（平均值0.76 mg/kg±0.12 mg/kg），Ni为10.92～86.69 mg/kg（平均值46.94 mg/kg±1.75 mg/kg），As为1.60～19.04 mg/kg（平均值7.90 mg/kg±0.42 mg/kg），Hg为0.001～0.118 mg/kg（平均值0.053 mg/kg±0.003 mg/kg）（表3-5）。根据《海洋沉积物质量》(GB 18668-2002)，除Cd外，其余重金属均符合一类沉积物标准。Cd有53%的站位符合一类沉积物标准，30.3%的站位符合第二类沉积物标准，16.7%的站位符合三类沉积物标准。沉积物质量状况总体良好。变异系数（CV）是标准偏差与平均值之比，可以反映人类活动对沉积物理化性质的干扰程度。一般而言，沉积物的理化性质可能由于人类活动干扰而产生高变异系数。通过统计数据的波动特征，可以反映重金属空间分布的差异程度。重金属Zn（31.9%）、Cr（32.1%）和Ni（30.3%）的变异系数小于36%，表明不同站点之间重金属的空间分布更均匀。其余5种重金属的变异系数大于36%，表明不同站位之间重金属的空间分布不均匀且分散性相对较大，特别是Pb和Cd的变异系数最高，可能源于人为。

表3-5　江苏省沿海滩涂表层沉积物检测指标

指标	黏土	淤泥	砂	重金属含量（mg/kg）								TOC
				Cu	Pb	Zn	Cr	Cd	Ni	As	Hg	
最小值	0.00%	0.00%	26.20%	2.77	0.00	8.30	2.07	0.00	10.92	1.60	0.001	0.28%
最大值	19.1%	54.70%	100.00%	29.21	21.44	65.19	31.07	3.53	86.69	19.04	0.118	4.83%
平均值	4.14%	15.67%	80.19%	11.80	1.05	37.50	18.70	0.76	46.94	7.90	0.053	1.80%
标准差	0.53%	1.95%	2.47%	0.75	0.45	1.47	0.74	0.12	1.75	0.42	0.003	0.96%
变异系数	104.9%	100.9%	24.99%	51.6%	347%	31.9%	32.1%	126%	30.3%	42.8%	52.3%	53.3%
MSQ-1	—	—	—	35.0	60.0	150	80	0.5	NA	20	0.2	—
MSQ-2	—	—	—	100	130	350	150	1.5	NA	65	0.5	—
BV	—	—	—	15.84	24.7	64.68	60.28	0.365	31.62	8.59	0.032	—

注：MSQ-1和MSQ-2分别代表海洋沉积物一级标准和二级标准（GB 18668-2002）；BV为研究区域背景值。

3.6.2　江苏省浅滩表层沉积物中重金属含量与其他地区含量水平

检测结果与国内外其他地区相比较可知，江苏省沿海滩涂表层沉积物中Cd的浓度高于中国其他地区，但是远远低于国外一些地区，如孟加拉湾和加贝斯湾（表3-6）。除了Aliağa Bay外，Hg、Cu和As与其他地区含量差距不大，较为相似。Pb浓度远低于其他地区，Zn和Cr浓度相对较低，仅超过孟加拉湾沿海地区。总之，与世界上其他地区相比，江苏省沿海滩涂表层沉积物中重金属含量低于其他国家，与中国其他地区相比，Cu、Pb、Zn、Cr和As浓度相对较低，Cd和Hg浓度较高。

表3-6 江苏省沿海滩涂表层沉积物中重金属浓度与国内外其他地区重金属浓度

地区	重金属含量（mg/kg）								参考文献
	Cu	Pb	Zn	Cr	Cd	Ni	As	Hg	
Jiangsu Shoal, China	11.80	1.05	37.50	18.70	0.76	46.94	7.90	0.053	本研究
Rizhao offshore area, China	15.92	29.23	42.84	43.25	0.08	NA	17.54	0.019	Song et al., 2017
Zhelin Bay, China	7.95	35.69	74.95	23.07	0.063	7.50	NA	NA	Gu, 2017
Liaodong Bay, China	19.66	22.64	70.2	61.53	0.22	NA	9.28	0.056	Wang et al., 2017
Intertidal Jiaozhou Bay, China	38.8	55.2	107.4	69.9	0.44	NA	9.2	NA	Liu et al., 2017
Eastern Beibu Gulf, China	27.00	16.40	80.10	46.2	0.21	NA	NA	NA	Chen et al., 2018
Laizhou Bay, China	10.99	13.37	50.63	32.69	0.19	17.38	7.1	0.039	Zhang and Gao, 2015
Aliağa Bay, Turkey	321	284	86.4	111	1.47	NA	NA	1.59	Neşer et al., 2012
Bay of Bengal Coast	0.53	0.4	NA	0.74	4.0	0.08	NA	NA	Khan et al., 2017
Gabes Gulf, Tunisia	2.56	6.13	545.03	16.76	73.01	NA	NA	0.03	El Zrelli et al., 2015
Northern Persian Gulf, Iran	22.13	8.00	54.94	101.69	0.82	96.82	10.84	NA	Neyestani et al., 2016

3.6.3 江苏省浅滩表层沉积物中检测指标分布

江苏省浅滩重金属粒度和TOC的空间分布如图3-1所示。除Hg外，其他7种重金属的分布基本相似，整体分布趋势为由北向南呈下降的趋势，重金属含量高值区出现在连云区的小洼港和盐城的响水地区，中值区出现在盐城的中部大丰等地区，TOC、黏土和淤泥的空间分布也与其相似。这与陆源污染具有一定的关系，在这些地区，具有丰富的地表水系统，许多河流带来大量的重金属汇入大海，流经滩涂经吸附沉降，慢慢在沉积物中积累下来。但是，金属Hg的空间分布与其他重金属相反，在启东南部和如东地区含量较高，而北部地区含量较低。

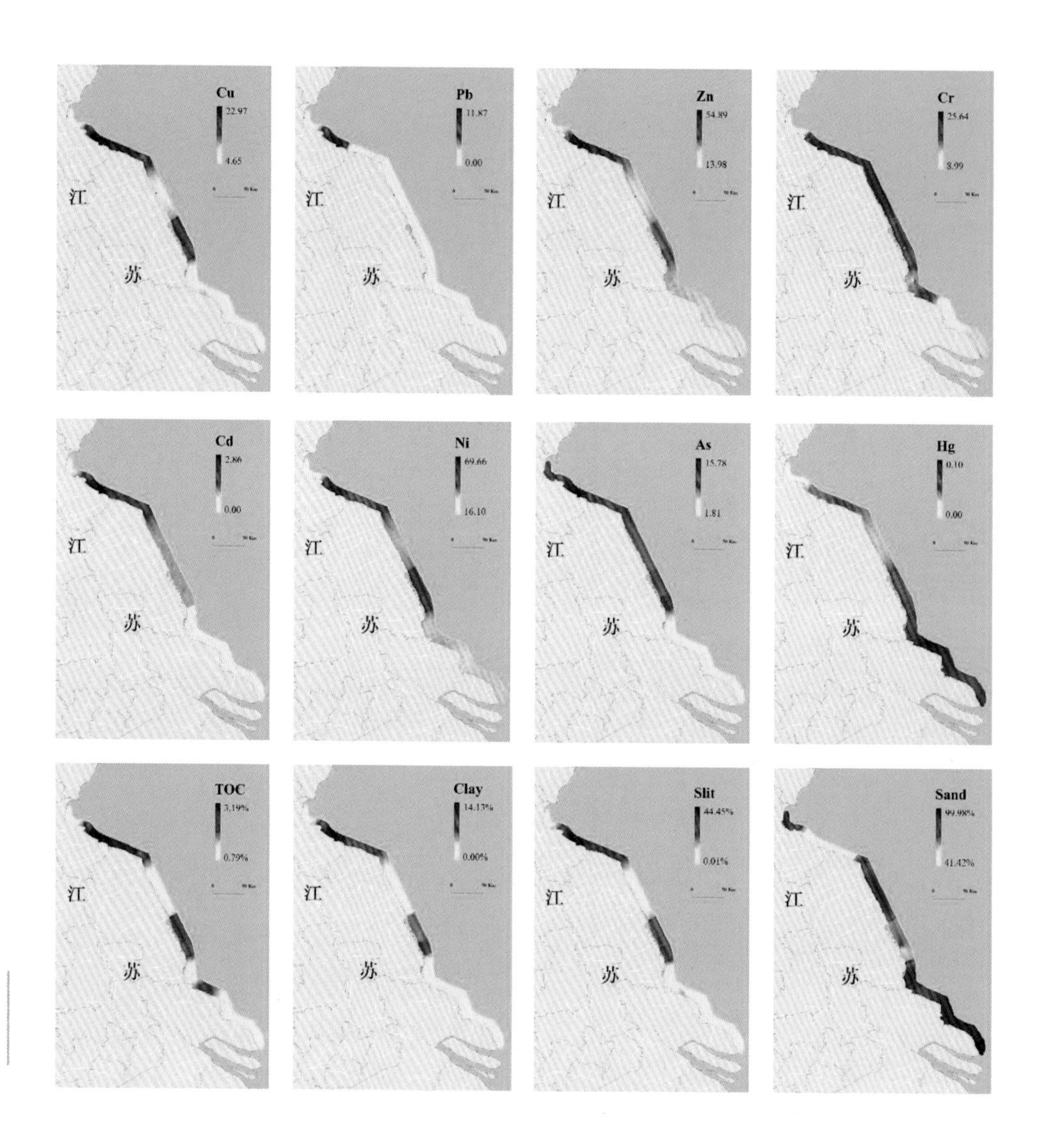

图3-1
江苏省浅滩表层重金属、TOC和粒度分布状况

3.6.4 江苏省浅滩表层沉积物中重金属源解析

对江苏省沿海滩涂表层沉积物中重金属含量进行皮尔逊相关系数分析，如表3-7，除Hg外，其余7种重金属之间均存在显著的相关性（$P<0.01$），说明这7种重金属可能具有相同的来源或者相似的迁移途径。重金属Hg与Cu、Pb、Zn和Cr无相关性，与Cd和Ni弱相关，与As呈显著的负相关，表明重金属Hg的来源不同于其他重金属，具有其独特的来源。在表3-7中，TOC与除Hg以外的其他重金属和粒度呈显著相关性，表明TOC影响着重金属的含量和分布。通常用TOC代表有机质。有机质中的腐殖质是一种表面活性较高的化合物，与重金属的吸附、络合和沉淀具有一定的关系，影响重金属的迁移和转化；同时，沉积物颗粒越细、表面积越大，其吸附的络合物越多，最终经过沉积物累积也越多。

表3-7　江苏省浅滩表层重金属皮尔逊相关系数

	Cu	Pb	Zn	Cr	Cd	Ni	As	Hg	TOC	Clay	Silt	Sand
Cu	1											
Pb	0.571**	1										
Zn	0.875**	0.457**	1									
Cr	0.552**	0.243*	0.556**	1								
Cd	0.861**	0.656**	0.666**	0.442**	1							
Ni	0.891**	0.497**	0.930**	0.633**	0.682**	1						
As	0.745**	0.680**	0.530**	0.363**	0.862**	0.541**	1					
Hg	0.024	−0.130	0.224	0.098	−0.279*	0.259*	−0.357**	1				
TOC	0.829**	0.433**	0.761**	0.396**	0.689**	0.750**	0.565**	0.133	1			
Clay	0.952**	0.680**	0.800**	0.458**	0.903**	0.793**	0.822**	−0.096	0.814**	1		
Silt	0.950**	0.533**	0.806**	0.444**	0.843**	0.789**	0.764**	−0.038	0.813**	0.965**	1	
Sand	−0.956**	−0.568**	−0.809**	−0.450**	−0.861**	−0.795**	−0.781**	0.051	−0.818**	−0.978**	−0.998**	1

注：*$P<0.05$（双尾检验），**$P<0.01$（双尾检验）。

为了进一步阐述重金属来源的主要控制因素，对沉积物中重金属元素进行了因子分析。运用主成分分析（PCA）提取了两个主要因子成分，经过最大方差旋转，可分别解释总因子的51.8%和30%，累计贡献率达81.8%（图3-2）。

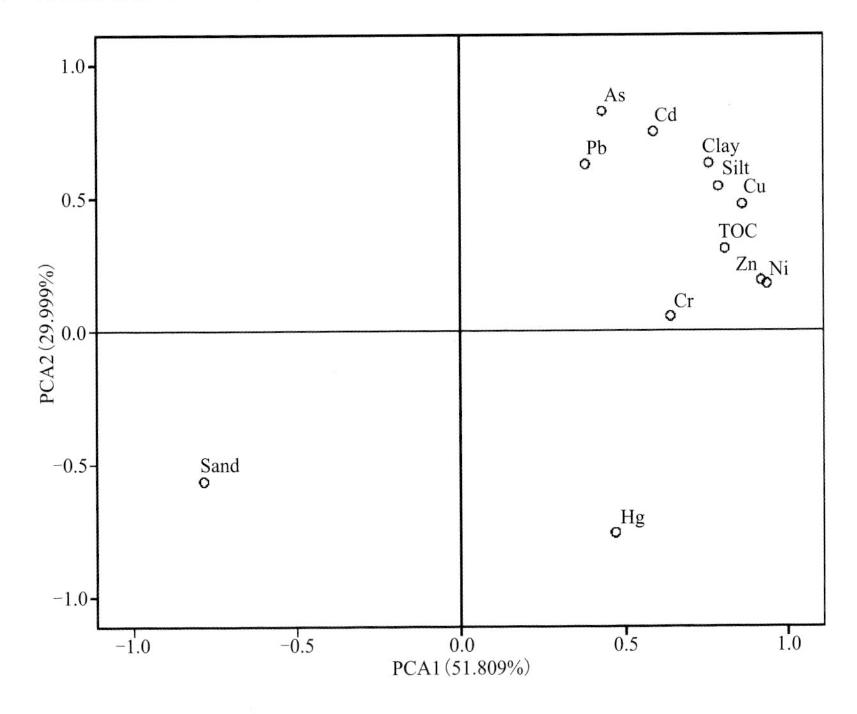

图3-2
江苏省浅滩表层重金属主成分载荷图

Cu、Zn、Cr和Ni在PC1上具有很高的正载荷。其中，Cr和Ni属于铁族元素，对铁具有亲和力，在沉积物中一般具有较高的相关性。沉积物中Cr和Ni的含量一般取决于沿海海岸岩石的侵蚀风化，属于天然来源，受地壳页岩的控制（Lv et al., 2013; Sun et al., 2013）。本研究中，江苏省沿海滩涂沉积物中Cu、Pb、Zn、Cr和Ni含量都低于江苏省海涂背景值（夏增禄等，1987），而且Zn、Cr和Ni的变异系数（CV）均小于36%，表明江苏省沿海滩涂可能受到的人类干扰较少或是重金属的输入较少。以上说明重金属Cu、Zn、Cr和Ni为天然来源，主要受地壳页岩控制，也是Cd的部分来源。结合重金属元素相关分析，PC1可解释上述重金属元素来源为地壳页岩风化产物。

Pb、Cd和As在PC2上具有较高的正载荷。据文献报道，煤炭燃烧和汽车尾气排放是沉积物中重金属Pb的重要来源，农业活动（化肥和农药）也是沉积物中Cd和Pb积累的重要因素，Cd常常作为磷肥中的杂质而存在。江苏省沿海滩涂沉积物中重金属Pb、Cd和As与煤炭的燃烧和农业活动有关，因此可认为PC2代表着人为来源。重金属Hg在PC2上具有较高的负载荷，主要受人类活动影响，Hg的排放主要包括煤燃烧和金属冶炼。在本研究区域，响水、大丰、如东沿海工业园区等有较多的化工厂，特别是石油化工是重金属Hg的重要来源之一。Hg在大气中具有很强的稳定性和迁移能力，在大气中可存在0.5～2年，其传输距离可通过大气进入土壤高达40 km，这表明Hg的主要来源为工业活动，通过大气沉降进入沿海滩涂沉积物中。

3.6.5 江苏省浅滩表层沉积物中重金属生态评价

图3-3中表示8种重金属的地理累积指数值（I_{geo}），Cu、Pb、Zn、Cr、Cd、Ni、As和Hg的地累积指数分别为−3.102～0.298（平均值−1.180）、−7.131～0.000（平均值−0.421）、−3.547～−0.574（平均值−1.460）、−5.450～−1.541（平均值−2.378）、−2.508～2.689（平均值0.529）、−2.118～0.870（平均值−0.101）、−3.008～0.563（平均值−0.834）和−5.068～1.303（平均值−0.229）。根据地累计指数分级表，Cd为中等污染（$I_{geo}>1$），占总站位的28.8%，且这些站位大部分位于盐城和连云港。其次，Ni和Hg为无污染到中等污染水平（$0<I_{geo}<1$），分别占总站位的42.4%和50.0%。其余重金属Cu、Pb、Zn、Cr和As的地累积指数大部分站位都小于0，分别占92.4%、100%、100%、100%和90.9%，说明江苏省沿海滩涂表层沉积物中无这5种重金属污染。

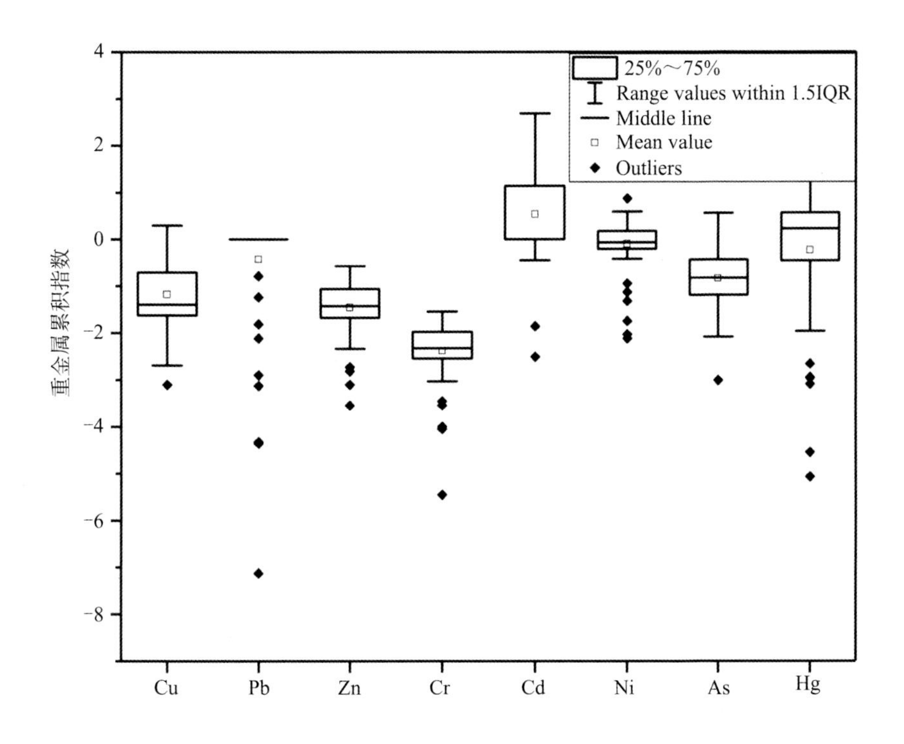

图3-3
江苏省浅滩表层重金属地累积指数

为了使重金属风险评价更加精确，采用多种评价方法是一种常用的手段，潜在生态风险评价（E_r^i 和 RI）通常也用来评价沉积物中重金属生态风险。表3-8列出了江苏省沿海滩涂潜在生态风险值，单因素风险指数Cu、Pb、Zn、Cr、Cd、Ni、As和Hg分别为0.874～9.220（平均值3.725）、0.00～4.341（平均值0.213）、0.128～1.008（平均值0.580）、0.069～1.031（平均值0.620）、0.00～290.230（平均值62.714）、1.728～13.707（平均值7.423）、1.864～22.160（平均值9.200）和1.789～148.029（平均值65.710）。图3-4中，重金属Cu、Pb、Zn、Cr、Ni和As单因素风险指数都小于40，属于低生态风险；金属Hg属于中等生态风险，风险指数大部分在40～80之间；金属Cd在盐城和连云港大部分站位属于中度污染，小部分站位属于高生态风险（E_r^i >320），占总站位的13.6%，金属Cd在南通的生态风险指数为0，无污染。江苏省沿海滩涂表层沉积物中重金属平均潜在生态风险指数由高到低为Hg>Cd>As>Ni>Cu>Cr>Zn>Pb。

表3-8 江苏省浅滩表层重金属潜在生态风险指数

指标	E_r^i								RI
	Cu	Pb	Zn	Cr	Cd	Ni	As	Hg	
最小值	0.874	0.000	0.128	0.069	0.000	1.728	1.864	1.789	29.254
最大值	9.220	4.341	1.008	1.031	290.230	13.707	22.160	148.029	383.378
平均值	3.725	0.213	0.580	0.620	62.714	7.423	9.200	65.710	150.185

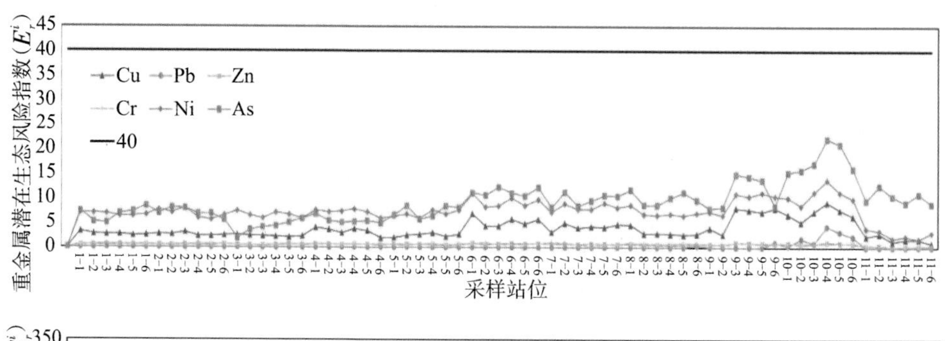

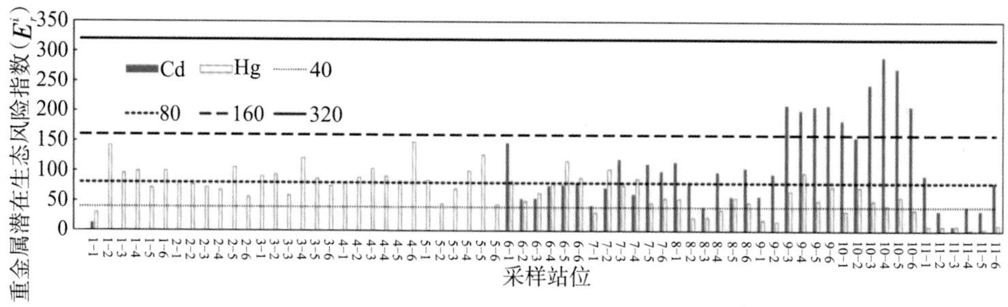

图3-4
江苏省浅滩单因子重金属生态风险指数

根据综合潜在生态风险指数结果（图3-5），66个采样站位重金属风险指数（*RI*）为29.254～383.378（平均值为150.185）。其中，低生态风险（*RI*＜150）站位占63.64%，中度生态风险（150＜*RI*＜300）站位占27.27%，较高生态风险（300＜*RI*＜600）站位占9.09%。在这8种重金属中，Cd和Hg对江苏省沿海滩涂沉积物中重金属综合生态风险指数贡献最大，贡献率达85.5%，是主要的潜在生态风险因素。中等生态风险及以上的站位大部分都位于盐城和连云港，其余站位潜在生态风险都处在较低的水平。

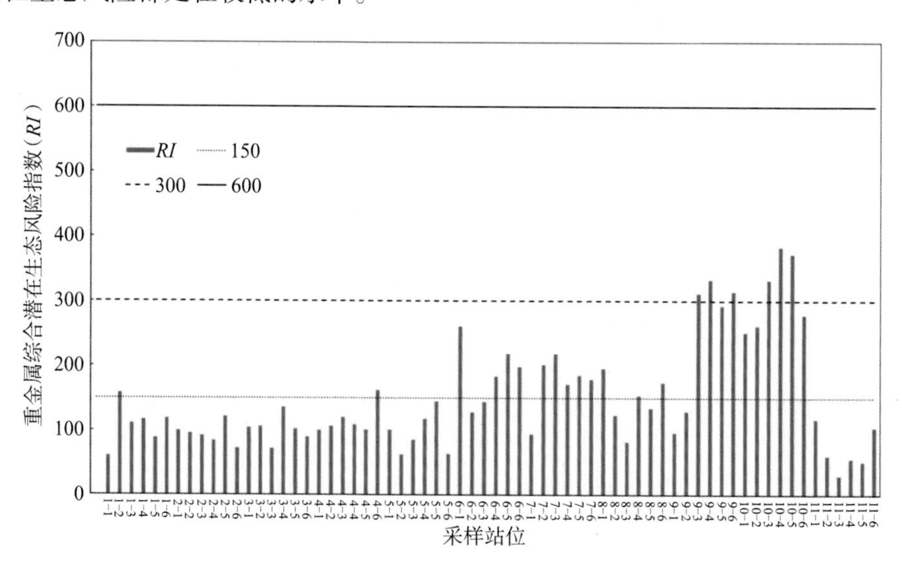

图3-5
江苏省浅滩表层沉积物中重金属综合潜在生态风险指数

3.7 · 多环芳烃

3.7.1 · 江苏省浅滩表层沉积物中PAHs含量水平

江苏省沿海滩涂沉积物中16种优先控制多环芳烃（PAHs），除Acy、Ace、Ant、BkF和DBA未被检出外，其余11种PAHs在11个断面均有一定的含量，含量范围在0～25.2 ng/g，平均为5.0 ng/g（表3-9）。Phe、Fla、BbF和Bap在某些站位较高，高于4.0 ng/g。其余站位PAHs各成分都普遍较低。与其他地区滩涂表层沉积物中的ΣPAHs相比（表3-10），江苏省浅滩PAHs含量远低于灌河河口、秦皇岛滨海湿地、珠江口和Algoa Bay，与海南岛和波斯湾Asaluyeh滩涂含量相似。总体而言，江苏省浅滩的多环芳烃浓度处于较低水平。

表3-9　江苏省浅滩表层沉积物中PAHs含量

PAHs	环数	含量范围（ng/g）	平均值（ng/g）
Naphthalene（Nap）	2	n.d.～0.563	0.027
Acenaphthylene（Acy）	3	n.d.	0
Acenaphthene（Ace）	3	n.d.	0
Fluorene（Flu）	3	n.d.～0.293	0.004
Phenanthrene（Phe）	3	n.d.～4.12	0.624
Anthracene（Ant）	3	n.d.	0
Fluoranthene（Fla）	4	n.d.～4.97	0.824
Pyrene（Pyr）	4	n.d.～3.87	0.653
Benzo（a）anthracene（BaA）	4	n.d.～0.46	0.007
Chrysene（Chr）	4	n.d.～3.49	0.521
Benzo（b）fluoranthene（BbF）	5	n.d.～8.20	1.743
Benzo（k）fluoranthene（BkF）	5	n.d.	0
Benzo（a）pyrene（BaP）	5	n.d.～5.694	0.127
Dibenzo（a,h）anthracene（DBA）	5	n.d.	0
Indeno（1,2,3-cd）pyrene（InP）	6	n.d.～1.76	0.187
Benzo（g,h,i）perylene（BgP）	6	n.d.～2.11	0.314
Σ PAHs		n.d.～25.2	5.0

注：n.d.未检测出。

表3-10 国内外其他区域沉积物中PAHs含量水平

地区	种类	ΣPAHs（ng/g）	平均值（ng/g）	参考文献
Jiangsu Shoal	16	0～25.2	5.0	本研究（2017）
Off-shore sediments of Hainan Island	16	25.5～176	116	Mo et al., 2019
Guan River Estuary, China	21	90～218	132.7	He et al., 2014
Qinhuangdao coastal wetland, China	16	341.61～4 703.80	1 367.80	Lin et al., 2018
Pearl River estuary, China	16	126.08～3 828.58	563.52	Zhang et al., 2015
Amazon River Estuary	16	22.2～158.9	49.4	dos Santos Rodrigues et al., 2018
Algoa Bay, South Africa	16	1 168～10 469	4 343	Adeniji et al., 2018
Intertidal Zone of Asaluyeh, Persian Gulf	16	1.8～81.2	7.5	Keshavarzifard et al., 2018

3.7.2 江苏省浅滩表层沉积物中PAHs空间分布

PAHs分布如图3-6，在江苏省沿海滩涂沉积物中PAHs的分布呈不均匀分布，且在1-6、4-1和4-2这三个站位浓度较高。整体来看，在断面4上PAHs含量最高，各成分中又以Phe、Fla和BbF所占比重最大，含量均大于4.0 ng/g。在盐城沿海滩涂沉积物中PAHs的分布同样不均匀，且大部分站位PAHs含量都较高，如站位6-1、6-4、6-6、7-5、9-5等，总PAHs浓度都超过10.0 ng/g。整体上，在断面6、断面7和断面9上PAHs含量都比较高，各成分中又以BbF所占比重最大，最高达8.20 ng/g。而连云港滩涂沉积物中PAHs几乎都未被检出，只有10-1和11-6两个站位含有少量的BbF、BgP和BaP。说明连云港滩涂整体环境状况良好，未受到PAHs的污染。

总之，江苏省沿海滩涂PAHs含量为盐城＞南通＞连云港。在南通断面4和盐城断面6、断面7和断面9，PAHs含量较高，其余区域都较低或是未被检测出。其中，连云港为未经PAHs污染的滩涂环境区域。整体趋势为江苏省沿海滩涂中部向两端逐步降低的趋势。

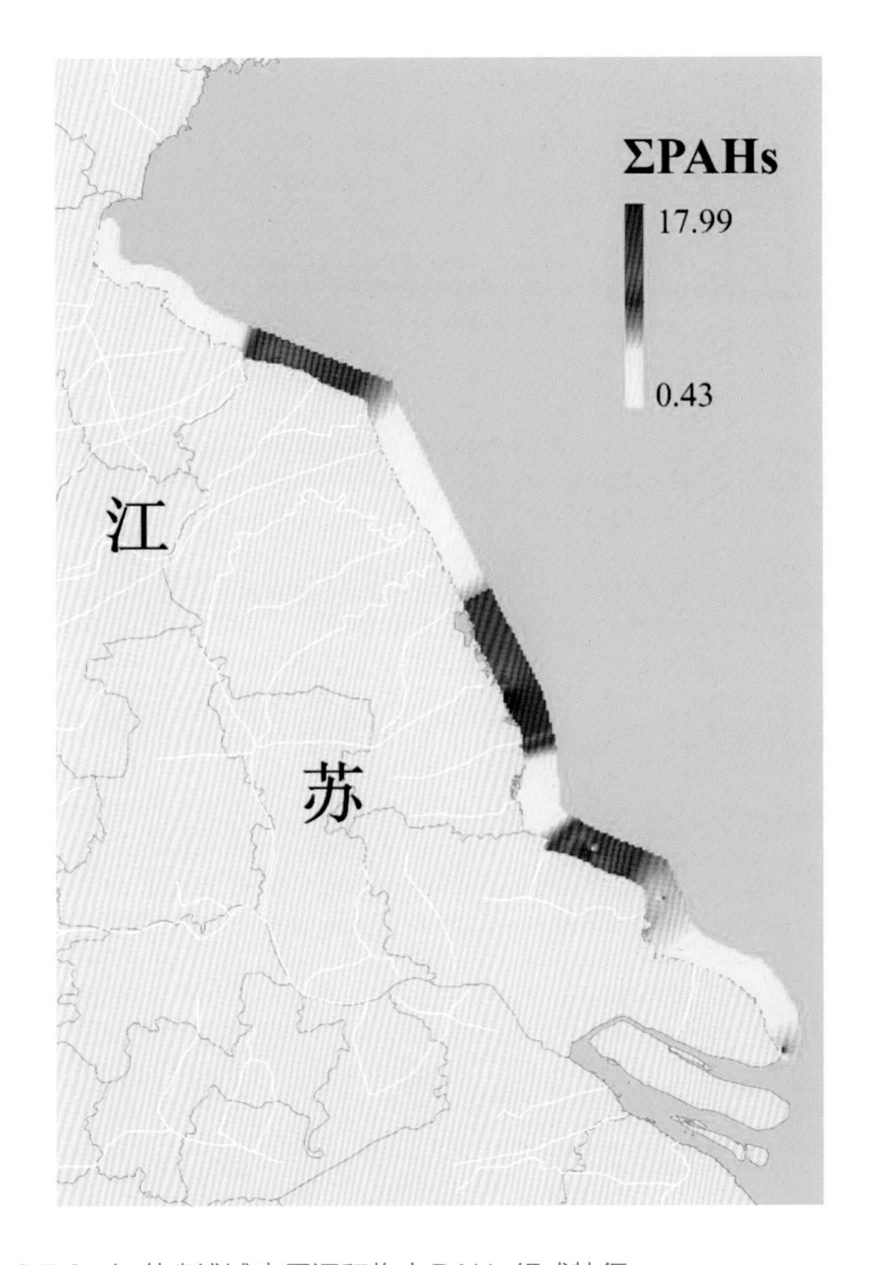

图3-6
江苏省浅滩PAHs分布模式图

3.7.3 · 江苏省浅滩表层沉积物中PAHs组成特征

江苏省浅滩表层沉积物中PAHs的组成如图3-7所示。多环芳烃的百分比组成主要为4～5环，总分布特征为4环（39.84%）>5环（37.16%）>3环（12.50%）>6环（9.96%）>2环（0.54%）；样品中4～5环PAHs对ΣPAHs浓度的贡献率较高，而2环贡献率最低。此外，个别站位主要由2环组成，如1-1站位和9-6站位主要为6环，11-6站位只有5环PAHs。样品中PAH的重量比（LMW/HMW）范围为0～1，所有站位LMW/HMW<1，江苏省浅滩表层沉积物中PAHs主要来源于高温燃烧。样品中2+3环PAHs的比例占13.04%，5+6环PAHs的比例占47.12%。含4～5环的PAHs占沉积物样品中PAHs总浓度的70%以上，是江苏省浅滩含量最高的组分。

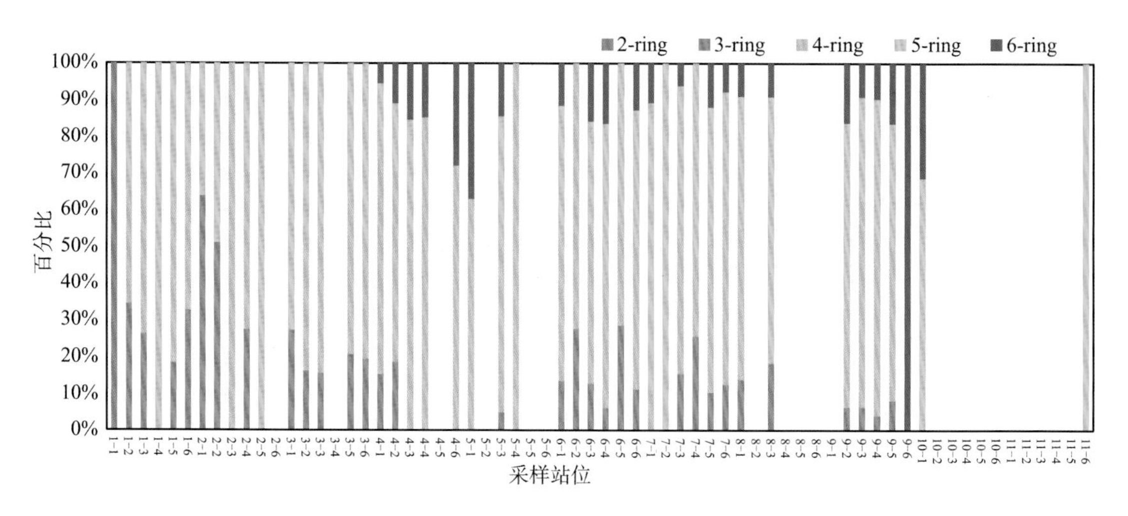

图3-7
江苏省浅滩表层沉积物中PAHs组成

3.7.4 江苏省浅滩表层沉积物中PAHs源解析

通过主成分分析（PCA）有效地确定了11种PAHs各来源的分布，使用该方法计算每个因子的权重和每个主成分解释的累积方差。在本研究中，将苏北浅滩表层沉积物中的多环芳烃浓度和采样站位作为关系矩阵，在对矩阵进行归一化后，提取特征值>1的因子，共提取了3个因子（PC1、PC2和PC3），占总方差的68.23%，可以代表苏北浅滩表层沉积物中PAHs的大部分信息。3个主要因子的载荷图如图3-8所示。

PC1方差贡献率占总方差的48.31%，主要由3-6环PAHs组成，包括Phe、Fla、Pyr、Chr、BbF、InP和BgP。其中，Pyr是生物质燃烧的指示，如木材和秸秆，而Fla、Pyr和Chr是典型的煤炭燃烧源（Phe、Fla和Pyr是煤燃烧后的主要排放物）。Boonyatumanond等人认为BgP是交通源的指示物。Larsen等于2003年研究发现，InP为柴油燃烧源，5～6环PAHs主要来源于汽车发动机的废气排放。因此，PC1可以被认为混合源（煤炭、木材燃烧源和交通源）。

PC2方差贡献率占总方差的10.44%，包括Nap和BaP。Marr等人认为Nap主要来源于石油基础活动，如石油开采、加工和运输过程中的挥发或泄露。本研究选择石油来源作为主成分PC2的来源，从而确定PC2来自石油产品的挥发或泄漏。

PC3方差贡献率占总方差的9.49%，主要包括Flu和BaA。Flu和BaA主要来自焦化过程的排放，这与Khalili等人的研究一致。因此，PC3被确定为焦化源。

主成分分析表明，江苏省浅滩表层沉积物中的PAHs主要来自煤炭和木材等物质燃烧、汽车尾气排放、石油挥发（或渗漏）和部分焦化源，其中煤和木材燃烧是其主要来源。

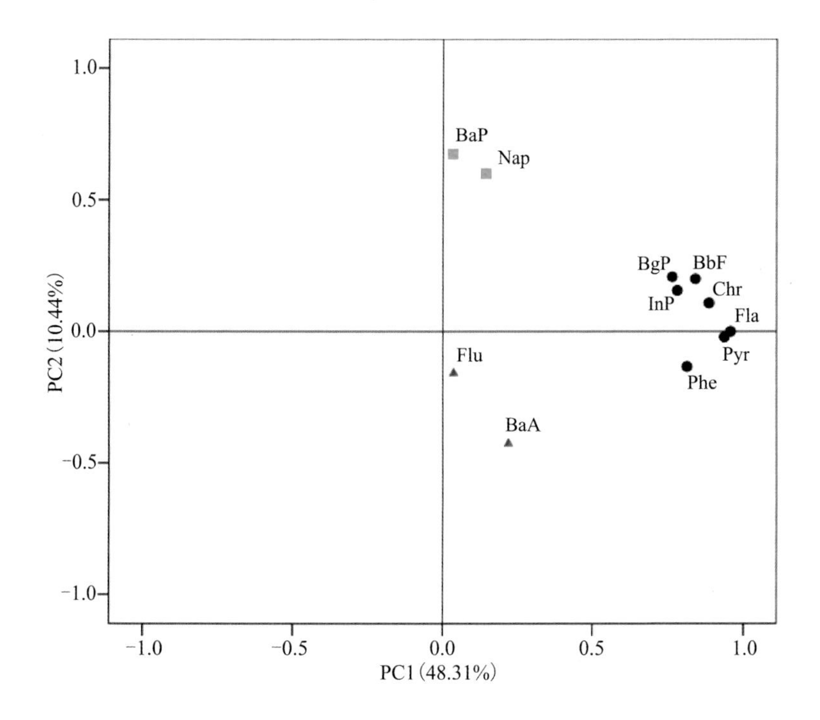

图3-8
江苏省浅滩表层沉积物中PAHs载荷图

3.7.5 · 江苏省浅滩表层沉积物中PAHs生态评价

根据SQGs沉积物基准评估本次调查中各个站位PAHs的潜在生态风险水平（表3-11）。结果表明，所有站位中PAHs的各组分均远低于ERL值，表明该区域表层沉积物中的PAHs处于较低的生态风险水平。另外，一些多环芳烃，如BbF，BkF，InP和BgP，它们没有最低安全值，只要它们存在于环境中就会产生毒副作用。在本次调查中，检测到BbF、InP和BgP的成分，应予以重视。根据M-ERM-Q方法，在江苏省浅滩所有站位的研究区域中所得的M-ERM-Q值都小于0.1。因此，本研究表明，江苏省浅滩表层沉积物中PAHs具有较低的综合生态风险。该评价结果与SQGs结果一致，表明江苏省浅滩表层沉积物中PAHs污染程度较轻。

表3-11　江苏省浅滩表层沉积物中PAHs含量与沉积物质量基准

PAHs	SQG[a]（ng/g）		含量范围（ng/g）	采样站位		
	ERL	ERM		<ERL	ERL-ERM	>ERM
Nap	160	2 100	0～0.563	All	-	-
Acy	16	500	n.d	All	-	-
Ace	44	640	n.d	All	-	-
Flu	19	540	0～0.293	All	-	-

续表

PAHs	SQG[a] (ng/g)		含量范围 (ng/g)	采样站位		
	ERL	ERM		<ERL	ERL–ERM	>ERM
Phe	240	1 500	0～4.125	All	—	—
Ant	85.3	1 100	n.d	All	—	—
Fla	600	5 100	0～4.969	All	—	—
Pyr	665	2 500	0～3.871	All	—	—
BaA	261	1 600	0～0.460	All	—	—
Chr	384	2 800	0～3.492	All	—	—
BbF	320	1 880	0～8.197	All	—	—
BkF	280	1 620	n.d	All	—	—
BaP	430	1 600	0～5.694	All	—	—
DBA	63.4	260	n.d	All	—	—
InP	—	—	0～1.757	—	—	—
BgP	430	1 600	0～2.107	All	—	—

3.8 多氯联苯和有机氯农药

3.8.1 江苏省浅滩表层沉积物中PCBs含量

由表3-12可知，在66个站位中，10种PCB中有5种被检测出，分别为PCB118、PCB138、PCB155、PCB180和PCB198，总量ΣPCBs分布在n.d.～18.247 ng/g，均值为1.854 ng/g。其中，PCB118、PCB138和PCB155含量较高，最大值均大于4.999 ng/g，PCB138最高可达12.691 ng/g。

表3-12 江苏省浅滩表层沉积物中PCBs含量

PCBs	含量范围 (ng/g)	平均值 (ng/g)
PCB28	n.d.	n.d.
PCB52	n.d.	n.d.
PCB101	n.d.	n.d.
PCB112	n.d.	n.d.
PCB118	n.d.～7.398	0.862

续表

PCBs	含量范围（ng/g）	平均值（ng/g）
PCB138	n.d.～12.691	0.661
PCB153	n.d.	n.d.
PCB155	n.d.～4.999	0.282
PCB180	n.d.～0.581	0.030
PCB198	n.d.～0.279	0.019
ΣPCBs	n.d.～18.247	1.854

注：n.d.未检测到。

3.8.2 江苏省浅滩表层沉积物中PCBs空间分布

由图3-9可知，南通滩涂沉积物中，只有PCB118被检测到，且大都分布在断面1-2、断面3、断面4和断面4所有的站位上，另外2-4站位也有较少的PCB188存在。在断面1上，1-3站位含量最高，达5.885 ng/g，另外两个站位浓度较低。在断面4上，4-2站位PCB118浓度最高，达到7.398 ng/g，其余5个站位都在5 ng/g以下，PCB118在断面4比较集中。而在盐城滩涂沉积物中，PCBs相对丰富，PCB118、PCB138、PCB188和PCB180在某些站位上都被检测出，与南通相比，PCB118普遍含量较低，都在3.0 ng/g以下，且集中分布在断面5和断面6上；另外在6-1站位、7-2站位、7-3站位、7-4站位和8-3站位都含有少量的PCB198，且都在0.5 ng/g以下；在9-3站位、9-4站位、9-5站位和9-6站位上，PCB138和PCB155含量较高，PCB138含量为8.723～12.691 ng/g，PCB155含量为4.185～4.999 ng/g，同时在这四个站位上同时还存在少许PCB180。相对而言，连云港滩涂沉积物中PCBs含量较少，只有PCB118和PCB138存在，PCB118只在10-1站位、10-2站位和11-5站位被检测到，浓度分别为1.406 ng/g、0.835 ng/g和3.044 ng/g。PCB138只在11-6站位被检测到，浓度为2.776 ng/g。其余8个站位均未被检测到PCBs，连云港滩涂PCBs整体含量较低。

江苏省沿海滩涂PCBs分布不均匀，只有零零散散的站位含有PCBs。其中，盐城滩涂含有四种PCBs，且某些PCB含量较高，其次南通滩涂只有PCB118，且大多集中在断面4，而连云港也是种类少、低含量、分布不均匀。PCB含量盐城＞南通＞连云港。整体而言，除了盐城断面9的PCBs含量较高外，其余区域PCBs含量都较低或是不存在。

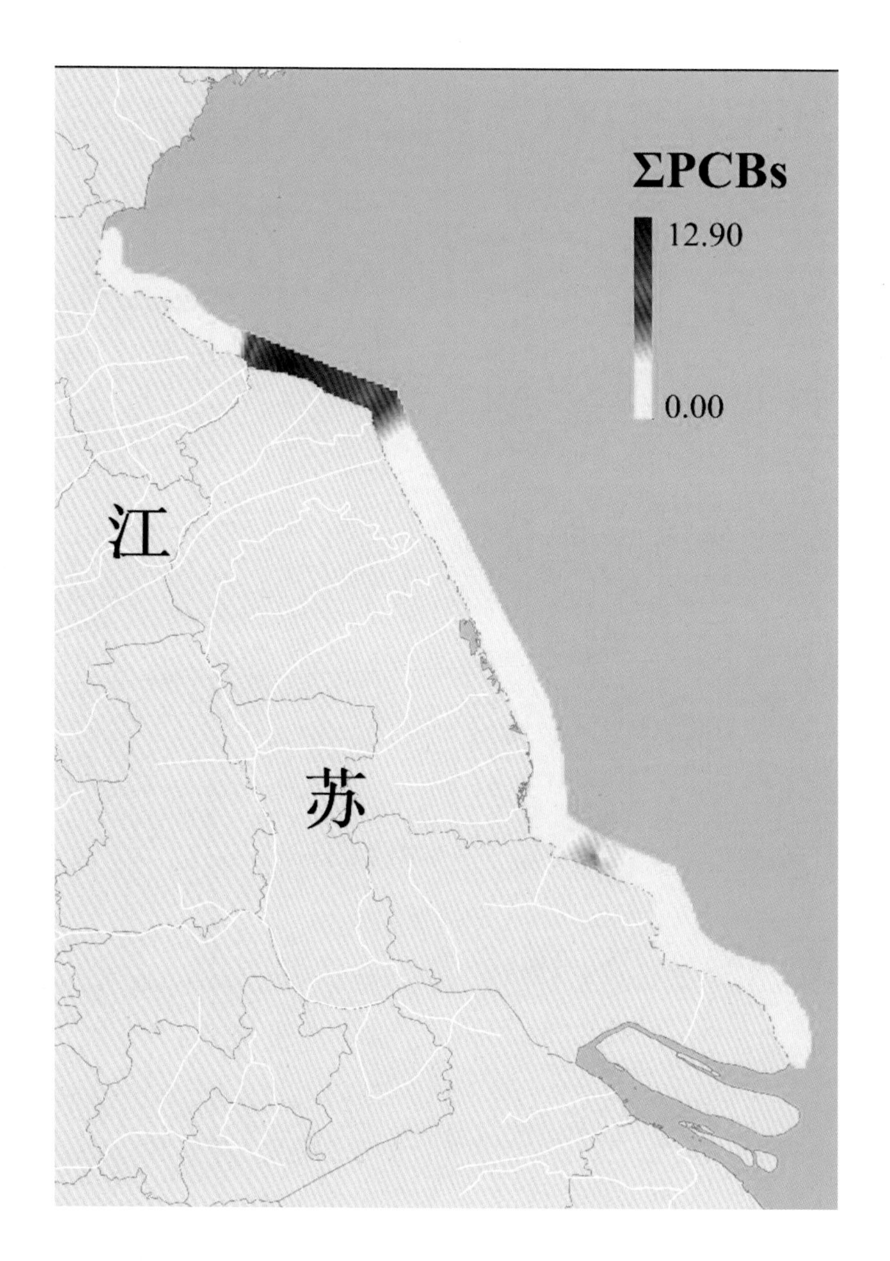

图3-9
江苏省浅滩表层沉积物中PCBs含量分布

3.8.3 江苏省浅滩表层沉积物中OCPs含量水平

江苏省沿海滩涂沉积物中，各类有机氯中仅检出HCHs、七氯和甲氧滴滴涕，ΣOCPs含量为0～1.840 ng/g，平均含量为0.070 9 ng/g，如表3-13所示。HCHs中α、β和δ-HCH在江苏省沿海滩涂沉积物中某些站位都具有一定的含量，最高为0.473 ng/g，ΣHCHs含量为0～0.772 ng/g，平均浓度0.033 3 ng/g。七氯含量范围为0～0.365 ng/g，平均浓度0.009 7 ng/g；甲氧滴滴涕含量最高达1.840 ng/g。另外12种有机氯在江苏省沿海滩涂沉积物中都未被检测到。

表3-13　江苏省浅滩表层沉积物中OCPs含量

OCPs	范围（ng/g）	平均值（ng/g）
α-HCH（α-六六六）	n.d.～0.312	0.007 8
β-HCH（β-六六六）	n.d.～0.385	0.011 4
δ-HCH（δ-六六六）	n.d.～0.473	0.014 1
ΣHCHs	n.d.～0.772	0.033 3
Heptachlor（七氯）	n.d.～0.365	0.009 7
α-chlordane（α-氯丹）	n.d.	n.d.
γ-chlordane（γ-氯丹）	n.d.	n.d.
Aldrin（艾氏剂）	n.d.	n.d.
Dieldrin（狄氏剂）	n.d.	n.d.
Endrin（异狄氏剂）	n.d.	n.d.
ΣDrins	n.d.	n.d.
pp′-DDT（pp′-滴滴涕）	n.d.	n.d.
α-Endosulfan（α-硫丹）	n.d.	n.d.
β-Endosulfan（β-硫丹）	n.d.	n.d.
Lindane（林丹）	n.d.	n.d.
Endosulfan sulfate（硫丹硫酸盐）	n.d.	n.d.
Endrin aldehyde（异狄氏剂醛）	n.d.	n.d.
Endrin ketone（异狄氏剂酮）	n.d.	n.d.
Methoxychlor（甲氧滴滴涕）	n.d.～1.840	0.027 9
ΣOCPs	n.d.～1.840	0.070 9

注：n.d.未检测到。

3.8.4 江苏省浅滩表层沉积物中OCPs空间分布

通过检测，南通滩涂沉积物中17种OCPs并未被检测出，说明南通滩涂并未受到有机氯的污染，而在盐城滩涂沉积物中检测出α-HCH、β-HCH、δ-HCH、七氯和甲氧滴滴涕。如图3-10所示，有机氯在盐城的分布并不均匀，只有6个站位被检测出含有机氯，如6-1站位只含β-HCH（0.385 ng/g），6-5和6-6两个站位只含有α-HCH和δ-HCH，分别为0.204、0.473 ng/g和0.312、0.461 ng/g。

9-4站位和9-5站位只含有七氯，分别为0.365 ng/g和0.278 ng/g。而在9-6站位，只含有甲氧滴滴涕，且含量最高，达到1.840 ng/g。而在连云港滩涂沉积物中只在11-6站位上检测出β-HCH，含量为0.365 ng/g，其余站位均未检测出有机氯，与南通滩涂有机氯状况相似，几乎不存在有机氯的污染。

江苏省沿海滩涂有机氯含量较低，只有盐城滩涂一些站位有少许有机氯的存在，而在南通和连云港滩涂几乎不存在有机氯污染。整体来看，江苏省沿海滩涂有机氯含量较低。

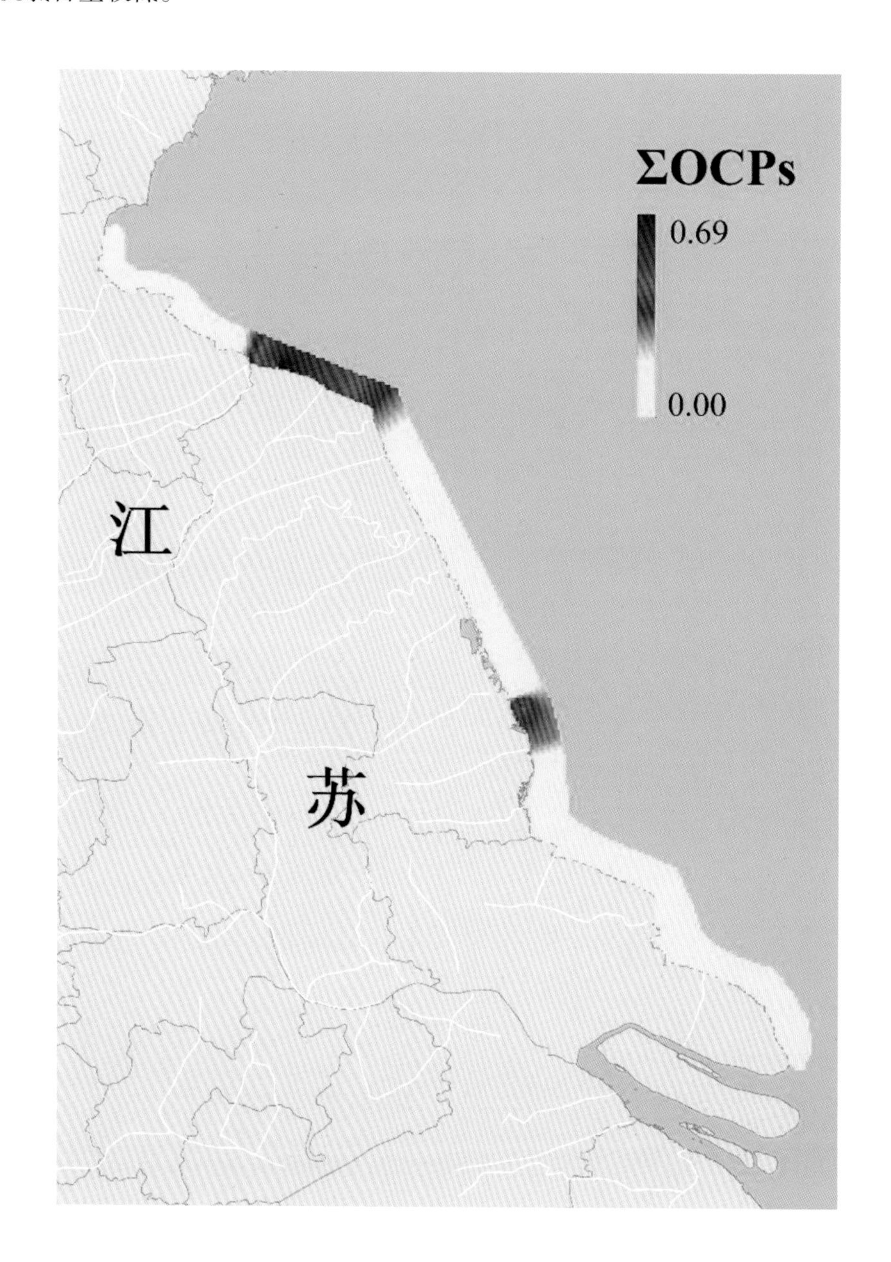

图3-10
江苏省浅滩表层沉积物中OCPs含量分布

3.8.5 江苏省浅滩表层沉积物中PCBs和OCPs含量与其他地区相比较

表3-14列出了国内外不同地区河口以及滩涂表层沉积物中PCBs和OCPs含量

分布情况。与国内外其他地区相比较，沉积物中PCBs和OCPs的含量差异水平较大。其中，江苏省浅滩表层沉积物中PCBs的含量高于巴西Guaratuba Bay，低于中国的汕头湾、双台子河口、海河口和意大利的Sarno Estuary、Tiber Estuary，且远远低于中国的长江口和珠江口以及埃及的地中海海岸带。OCPs中HCHs的含量以及总OCPs含量与上述地区相比，除了巴西的Guaratuba Bay（最高为0.74 ng/g），苏北浅滩表层沉积物中HCHs和OCPs含量都低于或远远低于上述地区。整体看来，苏北浅滩表层沉积物中PCBs和OCPs含量处于较低水平，污染程度较轻。

表3-14　不同地区滩涂表层沉积物中PCBs和OCPs含量（ng/g）

地区	PCBs	HCHs	OCPs	参考文献
Jiangsu Shoal, China	n.d.～18.247	n.d.～0.772	n.d.～1.840	本研究
Shantou Bay, China	0.54～55.5	0.35～10.96	2.19～16.9	Shi et al., 2016
Shuangtaizi Estuary, China	1.83～36.68	0.07～7.25	0.02～14.57	Yuan et al., 2015
Haihe Estuary, China	n.d.～36.1	0.997 - 36.1	—	Zhao et al., 2010
Yangtze Estuary, China	1.86～148.22	—	—	Gao et al., 2013
Pearl River Estuary, China	6.01～287.67	11.95～352.62	—	Fung et al., 2005
Sarno Estuary, Italy	1.01～42.54	0.018～1.47	0.08～5.99	Montuori et al., 2014
Mediterranean coastal environment, Egypt	0.29～377	n.d.～3.05	0.27～288	Barakat et al., 2013
Tiber Estuary, Italy	3.73～79.30	0.07～1.71	0.66～10.02	Montuori et al., 2016
Guaratuba Bay, Brazil	<LQ～5.62	—	<LQ～0.74	Combi et al., 2013

注："n.d." 未检测出；"—" 无数据；"LQ" 低于检测限。

3.8.6 · 江苏省浅滩表层沉积物中PCBs和OCPs生态评价

江苏省浅滩表层沉积物中PCBs和OCPs评价标准如表3-15所示，通过前面的研究结果可看出，江苏省浅滩只有少部分站位检测出PCBs和OCPs。且通过表可知，目前苏北浅滩表层沉积物中PCBs和OCPs含量均未超过ERL值或TEL值，表明苏北浅滩表层沉积物中PCBs和OCPs对水生生物产生负面效应的可能性较小。

表3-15 江苏省浅滩表层沉积物中PCBs和OCPs含量及沉积物质量标准

种类	含量（ng/g）	SQG				<ERL	ERL-ERM	>ERM	<TEL	TEL-PEL	>PEL
		ERL	ERM	TEL	PEL						
ΣPCBs	n.d.～18.247	22.7	180	21.5	189	All	—	—	All	—	—
α-HCH	n.d.～0.312	—	—	—	—	—	—	—	—	—	—
β-HCH	n.d.～0.385	—	—	—	—	—	—	—	—	—	—
δ-HCH	n.d.～0.473	—	—	—	—	—	—	—	—	—	—
ΣHCHs	n.d.～0.772	3	12 000	—	—	All	—	—	—	—	—
Heptachlor	n.d.～0.365	0.5	6	0.6	2.74	All	—	—	All	—	—
Methoxychlor	n.d.～1.840	—	—	—	—	—	—	—	—	—	—
ΣOCPs	n.d.～1.840	—	—	—	—	—	—	—	—	—	—

注：“—”无数据。

3.9 · 小结

本章主要研究分析了江苏省浅滩表层沉积物中重金属、多环芳烃、多氯联苯以及有机氯农药在表层沉积物中的含量分布、来源解析、污染水平及生态风险评价，主要结论如下。

江苏省浅滩表层沉积物中8种重金属浓度依次为Ni＞Zn＞Cr＞Cu＞As＞Cd＞Pb＞Hg。除了重金属Cd浓度高于中国其他地区，其余重金属浓度比较接近，但是重金属Cd远远低于一些国外地区，整体处于中下水平。重金属Cu、Zn、Cr、Ni和As都在苏北浅滩北部和中部出现最高值，且北部为最高的区域，向南逐渐递减。沉积物颗粒黏土（Clay）、淤泥（Silt）和总有机碳（TOC）与上述重金属分布较为相似，相关系数分析表明它们之间显著相关，说明粒度和TOC是影响这几种重金属分布与迁移的重要因素。而重金属Hg的空间分布正好相反，这可能受周围存在的一些化工园产业影响。来源解析表明Cu、Zn、Cr和Ni主要来源于地壳页岩的自然风化，为天然来源，同时也是一部分Cd的来源；而Pb、Cd、As和Hg则主要来自工业和农业的人为源。风险评价结果显示，Cu、Zn、Ni、Pb、Cr和As的风险指数都处于最低污染指数以下，而大部分站位Hg为中度污染，Cd在苏北浅滩北部一些站位处于高生态风险、在中部为中度污染、在南部无污染。综合生态风险评价显示苏北浅滩北部和中部生态风险较高，而南部生态风险最低。

苏北浅滩表层沉积物中16种多环芳烃共检测出11种。∑PAHs浓度范围为0～25.24 ng/g，平均浓度为5.883 ng/g，最高值出现在第6断面的6-1站位（25.24 ng/g）。PAHs浓度最高区域在苏北浅滩的中部（北部稍低，南部最低），与国内外其他地区相比，其处在较低的水平。相关性分析表明粒度和TOC与PAHs具有一定的相关性，存在着影响其分布的可能。苏北浅滩表层沉积物中PAHs主要以4-5环为主，占总比例的75%以上，主要以燃烧源为主，主成分分析结果表明Phe、Fla、Pyr、Chr、BbF、InP和BgP的来源主要为煤炭、木材燃烧和交通尾气的排放；Nap和BaP为石油的挥发或泄露；Flu和BaA主要来自焦化过程的排放。依据SQGs评价标准和效应中值商法，苏北浅滩表层沉积物中PAHs处于较低生态风险水平，但是检测出的BbF，BkF，InP和BgP应该引起重视。

苏北浅滩表层沉积物中10种PCBs和17种OCPs只检测出5种，PCBs为PCB155、PCB118、PCB138、PCB180和PCB198；OCPs为α-HCH、β-HCH、δ-HCH、Heptachlor和Methoxychlor。∑PCBs和∑OCPs的浓度范围分别为n.d.～18.247 ng/g（平均值为2.117 ng/g）和n.d.～1.840 ng/g（平均值为0.080 ng/g），且其分布都不均匀，PCBs在苏北浅滩北部出现最高值，OCPs中HCHs在中部出现最高值，而OCPs在北部出现最高值。与国内外其他地区相比，PCBs和OCPs含量都较低，且远低于一些河口区域。根据SQGs评价标准，苏北浅滩表层沉积物中PCBs和OCPs含量都低于生态风险最低阈值，表明苏北浅滩表层沉积物中PCBs和OCPs生态风险较轻微。

第四章

江苏省沿海滩涂资源保护管理现状与分析

江苏省沿海滩涂资源非常丰富，总面积达6 580 km^2，约占全国海涂面积的1/4。沿海滩涂是江苏省海岸最重要的自然资源之一，也是海岸湿地的重要组成部分。江苏省沿海的海岸线北起苏鲁交界的绣针河口，南至长江口，标准海岸线长954 km，其中93%为淤泥质平原海岸。

江苏省沿海多为滩涂地带，滩涂湿地和浅海是江苏海洋的重要特征。沿海滩涂一般是指平均大潮高潮线与平均低潮线之间的滩涂，其水域滩涂生物资源包括浮游植物、浮游动物、底栖生物、水生植物、水生动物等。以江苏盐城为例，其滩涂年平均生物量为57.17 g/m^2，春、秋两季的平均生物量分别为51.89 g/m^{2}和62.45 g/m^2，春季采集到底栖动物225.11个/m^2，秋季采集到底栖动物182.10个/m^2，春季大于秋季。

4.1 相关部门管理机构、管理法规及管理经验

我国沿海滩涂管理系统是典型的分散管理系统，其管理职能分散在水利主管部门、渔业行政主管部门和海洋行政主管部门组织管理，部分地区的沿海滩涂管理职能出现交叉和重叠，在我国沿海滩涂管理至少涉及6个部门（表4-1）。

表4-1 沿海滩涂管理部门及职能

管理机构	涉及滩涂管理的职能
国家海洋局	潮间带、潮下带的滩涂开发管理和环境保护
水利部	河口、海岸的滩涂的治理与开发
国土资源部	滩涂的规划利用、资源管理秩序
林业局	沿海滩涂湿地规划利用、管理保护
环境保护部	滩涂的生态环境保护
农业农村部	宜农、宜渔滩涂的开发利用

在地方管理中，滩涂管理机构主要分为三类：水利部门、农业管理部门和海洋部门与水利部门的双重管理（表4-2）。

表4-2 地方滩涂管理机构及主要职能

沿海地方	具体管理机构	隶属管理部门	主要职能
江苏	滩涂资源管理处	农业资源开发局	拟定全省滩涂农业围垦开发项目的中长期规划和年度计划；拟定全省滩涂农业围垦开发项目的管理、保护与合理利用的政策措施；拟定滩涂农业围垦开发项目管理办法；承办审核、审批滩涂农业围垦
辽宁	建设与管理处	水利厅	负责指导全省大江、大河及河口、海岸滩涂的治理与开发
河北	建设与管理处	水利厅	指导主要河道、海岸滩涂的治理与开发
天津	工程管理处	水务局	组织指导河湖及河口、海岸滩涂的治理与开发
山东	建设处	水利厅	指导河流、湖泊、河口、海岸滩涂的治理与防堤潮建设
上海	滩涂海塘处	水务局　海洋局	管理滩涂资源，组织编制滩涂开发利用和保护的规划年度计划并监督实施
浙江	围垦局	水利厅	负责组织对全省滩涂、低丘红壤等后备资源的调查评价，负责对滩涂资源的监督、保护和管理；组织编制全省滩涂、低丘红壤等发展战略、中长期规划和年度计划；组织实施有关围垦的地方性法规、规章；指导、监督滩涂、低丘红壤的治理和开发利用工作；负责围垦项目立项、审核、审批并监督实施
福建	建设与管理处	水利厅	指导主要江河、河口和沿海滩涂的治理与开发
广东	建设与管理处	水利厅	组织开展大江、大河、河口和滩涂的治理和开发
广西	水利工程管理局	水利厅	负责全区河道、水库、湖泊、海堤等水域、岸线，河口、滩涂以及水利水电工程的管理和保护
海南	建设与管理处	水务局	监督指导城镇防洪工程建设、江河综合治理及开发利用

我国现行法律法规对滩涂开发管理的相关规定不一致，导致滩涂法律性质不明，到如今，滩涂应属于土地还是海域依旧在争论中。

（1）滩涂应归属于土地的主要理由

我国《中华人民共和国海域使用管理法》第3条规定，海域属于国家所有，但我国宪法和其他法律规定滩涂还可以归集体所有。《中华人民共和国宪法》第9条、《中华人民共和国民法通则》第74条和《中华人民共和国物权法》第48条均明确规定了滩涂存在国家和集体所有的两种形式，所以滩涂应归属于土地。

（2）滩涂应归属于海域的主要理由

海岸线应为平均大潮高潮线，潮上带滩涂、湖滩、河滩可按照有关规定，纳入有关部门的管理，但潮间带滩涂，即高潮线以下的滩涂应纳入海域统一管理。

江苏沿海地区主要包括连云港、盐城和南通三市所辖行政区域，滩涂生物资源保护的管理职能设在沿海三市的原市海洋与渔业局（现因机构改革，资源保护职能已调整至沿海三市农业农村局），具体负责渔业资源、水生野生动植物和水产种质资源的保护。

当前，沿海滩涂资源开发与保护的法律体系尚不健全，江苏省沿海滩涂管理机构所依据的法律主要是《中华人民共和国海域使用法》《中华人民共和国土地管理法》《中华人民共和国环境保护法》《中华人民共和国海洋环境保护法》等与沿海滩涂相关的法律，专门的沿海滩涂管理与保护法规尚未出台。

4.2 · 存在的问题

我国非常缺乏一部专门的沿海滩涂管理法律，部分地方性立法都是为了满足自身专项管理需要而颁布，缺乏对其他行业或海洋整体利益的综合考虑，因此出现很多交叉、冲突和空白。沿海滩涂开发与保护法律体系的不完善，尽管不是造成滩涂退化的直接原因，但是却是极为重要的间接原因。

（1）部门管理职能分散，管理体制不完善

部门多，职能和职责含糊不清，滩涂的生态问题出现以后，各部门相互推诿，对滩涂的管理造成不便。目前沿海滩涂资源开发处于一种条块分割状态，既有当地政府与省政府协调，又有农业资源开发和水产、海洋、水利等部门共同管理。滩涂资源的所有权、开发权、收益权等权属不清，造成开发混乱，导致严重后果。

（2）相关法律不健全，环境保护意识薄弱；滩涂建设缺乏合理规划，监督不到位

我国沿海滩涂环境管理体制主要依靠地方政府进行管理，而地方过于注重当地经济的发展，而忽视了对环境的保护，导致在经济开发的同时造成生态环境的破坏。有的地区在开发前没有进行细密的调查与分析，在沿海滩涂的规划上缺乏系统性和协调性。各地纷纷效仿大量的填海造陆方式，将滩涂开发为建设用地，从而导致出现滩涂生态综合破坏的种种问题。新增建设用地具有很大的随意性，有的开发项目不符合当地发展的内容。同时，滩涂的开发规划缺乏相应的技术支持和指导。

（3）开发层次低，产业化规模小

有些地区的港口与旅游资源潜力很大，但开发力度不足。虽然目前滩涂开发利用以养殖为主，但是滩涂养殖分散经营、层次低、集约化程度不高，主要靠产业外延的扩张，已开发利用的滩涂中，大多为中低产田、低标准鱼虾池和低产盐田，滩涂开发中的产品加工仍然处于起步阶段，以生产原料及初级产品为主。

4.3 · 建议

4.3.1 · 确立江苏省沿海滩涂面积总量

根据滩涂的生态功能进行计算，并建立合理的数据。除了需要在沿海地区建立全国范围外，还需要在滩涂上建立不同类型的区域，实施精细化管理，分级保护。

4.3.2 · 建立沿海滩涂面积监测机制

要实现“零净损失”的法律机制，建立一个长期的监测机制。目前，在潮汐地区建立监测机制的核心问题并不是技术，而是如何建立区域监测机构的权威及其下属关系。如果在滩涂上建立监测机制，许多管理部门尝试将这种监测机制整合到自己的管理中，监督机构的权利和隶属关系也将影响其业务运作。从这个意义上说，要实现滩涂上“零净损失”的法律机制，就必须对滩涂上的管理制度进行调整。

4.3.3 · 建立沿海滩涂开发的置换机制

“零净损失”并非要求沿海滩涂不得开发，相反，它允许开发，只是开发的前提是需要准备好置换的湿地或滩涂。因此，建立完善的沿海滩涂开发置换机制，是实现“零净损失”法律机制的核心。唯有建立了完善的开发置换机制，才能使得“零净损失”法律机制得以有效贯彻执行，并实现沿海滩涂保护。

第五章

江苏省沿海滩涂资源的合理开发及保护

滩涂是海滩、河滩和湖滩的总称，指沿海大潮高潮位与低潮位之间的潮浸地带，河流湖泊常水位至洪水位间的滩地，是湖、河洪水位以下的滩地，水库、坑塘的正常蓄水位与最大洪水位间的滩地面积。在地貌学上称“滩涂”。由于潮汐的作用，滩涂有时被水淹没，有时又露出水面，其上部经常露出水面，其下部则经常被水淹没。滩涂以上，海浪的水滴可以达到的海岸，称为潮上带。滩涂以下，向海延伸至约30 m深的地带，称为亚潮带。退潮后，在低潮线以上积水的小水池称为“潮池”。潮池的生物必须具有忍受每日温差和含氧量剧烈变化的能力，此处栖地环境时而干燥时而潮湿、温度时高时低、盐度也是时时变化，可以说微环境的变化非常大。

能被人类利用和改造的滩涂称为滩涂资源。根据滩涂的物质组成成分，可以分为岩质滩涂、沙质滩涂和泥质滩涂。根据潮位、宽度及坡度，可分为高潮滩、中潮滩、低潮滩三类。由于岸的类型多样，水流的作用以及河流的含沙量等因素的影响，有的岸受水的冲刷，滩涂向陆地方向后退；有的岸堆积作用强，滩涂则向有水方向伸展；有的岸比较稳定，滩涂的范围也较稳定。

江苏省滩涂地貌占地面积为3 115.65 km^2，主要为潮滩地貌和海滩地貌，尤其以潮滩地貌为主，占地为3 112.36 km^2，占滩涂99.89%，滩涂宽度以中部辐射沙脊群海岸最宽（达14 km），向南、向北两侧逐渐变窄。潮滩地貌细分为高潮位泥滩、中潮位粉砂-淤泥混合滩和低潮位粉砂-细砂滩等。滩涂主要为低潮位粉砂-细砂滩，面积为2 078.56 km^2，占滩涂67%；中潮位粉砂-淤泥混合滩面积为565.14 km^2，占18%；高潮位泥滩面积为310.79 km^2，仅占10%，高潮位泥滩上普遍发现大面积盐蒿或米草。

5.1 · 滩涂资源利用现状

5.1.1 · 水产资源

海岸带两个季节共调查发现滩涂底栖生物108种，其中软体类占首位，共有52种，占总种类的47.27%；其次是多毛类，共有25种，占总数的22.73%；甲壳动物居第三，22种，占总种类的20.0%；鱼类4种，占3.64%；棘皮类3种，占2.73%；纽形类和腕足类各1种，均占0.91%（图5-1）。海岸带春季调查共发现底栖生物79种，秋季71种。在不同的底质中，泥沙底质发现的种类最多（74种），泥质底质发现67种，沙质底质发现45种，三种不同潮滩中低潮滩出现总的种类为71种，中潮滩出现总的种类为66种，高潮滩出现51种。

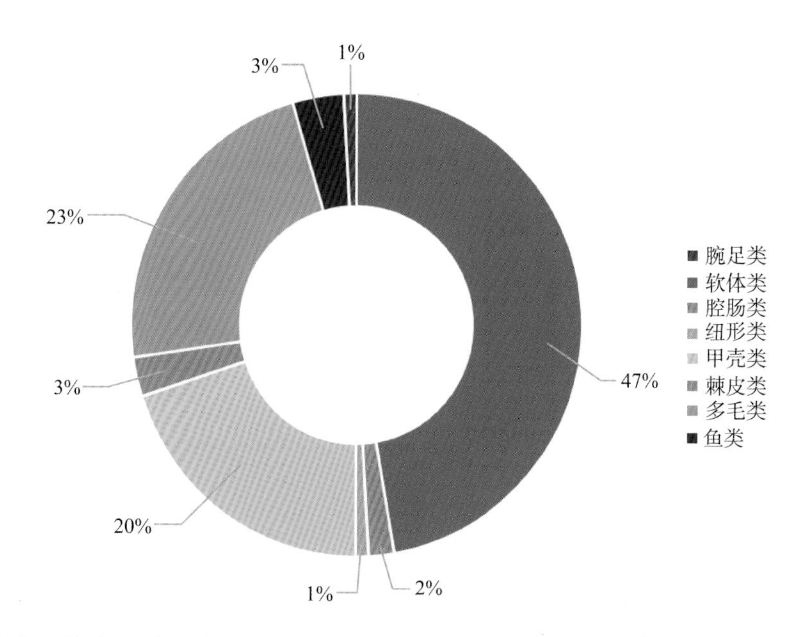

图5-1
滩涂底栖生物种类组成百分比

滩涂生物主要有四角蛤蜊、文蛤、青蛤、泥螺、托氏蜎螺、彩虹明樱蛤、光滑河蓝蛤、海豆芽、日本大眼蟹、宽身大眼蟹、天津厚蟹、沙蚕、长吻沙蚕、加州齿吻沙蚕等。主要经济种有四角蛤蜊、文蛤、青蛤、泥螺、西施舌、大竹蛏、天津厚蟹、长吻沙蚕、加州齿吻沙蚕等。

四个季度调查显示，滩涂的平均生物量为65.93 g/m^2。其中，软体类最高（52.50 g/m^2），其次为多毛类（5.03 g/m^2），甲壳类居第三（4.68 g/m^2）。两个季节调查滩涂的平均生物密度为119 ind./m^2，其中以软体类最高，生物密度为83 ind./m^2；其次是多毛类（24 ind./m^2）；甲壳类和腕足类居第三，均为5 ind./m^2。

海岸带滩涂生物两个季节生物量和生物密度均以秋季高，分别78.44 g/m^{2}和187 ind./m^2；春季生物量和密度分别为53.42 g/m^{2}和51 ind./m^2。江苏省近岸海域基础调查表明，近岸海域生态环境趋于恶化，海洋渔业资源利用过度，1981～1982年海岸带与海涂调查发现的3种海产龟类、2种齿鲸类和1种鳍脚类，共6种国家二级保护动物，分别为龟类（蠵、丽龟和棱皮龟）、海兽（江豚和大海豚）、鳍脚类（环海豹）等珍稀野生动物，在此次江苏省近岸海域基础调查中均没有出现。游泳动物中鱼类种类较1981～1982年的海岸带与海涂调查减少。

鱼类：根据1981～1982年的海岸带和海涂调查结果，鱼类共17目73科119属，计150种。本次调查软骨鱼类未出现的种类有扁头哈那鲨、姥鲨、白斑星鲨、灰星鲨、皱唇鲨、尖头斜齿鲨、阔口真鲨、锤头双髻鲨、长吻角鲨、日本扁鲨、许氏犁头鳐、中国团扇鳐、美鳐、斑鳐、孔鳐、中国魟、光魟、尖嘴魟和日本燕魟19种。硬骨鱼类未出现的种类有金色小沙丁鱼、鲥鱼、康氏小公鱼、尖头银鱼、鳗鲶、小鳞鲬、燕鳐、烟管鱼、舒氏海龙、棱鲻、及达叶鲹、乌鲳、松鲷、花尾胡椒鲷、斜带髭鲷、鹿斑鲾、条石鲷、青鰧、短鳍鲔、李氏䲗、绯鲻、中国鲳、印度双鳍鲳、钟馗虾虎鱼、暗色缟虾虎鱼、阿葡虾虎鱼、裸项栉虾虎鱼、普氏栉虾虎鱼、睛尾蝌蚪虾虎鱼、中华栉孔虾虎鱼、弹涂鱼、单指虎鲉、蜂鲉、翼红娘鱼、欧氏六线鱼、鳄鲬、雀鱼、桂皮斑鲆、牙鲆、虫鲽、星鲽、石鲽、黄盖鲽、短鲫、短吻三刺鲀、条纹东方鲀、铅点东方鲀、星点东方鲀和棘茄鱼49种。

虾类：1998～2000年我国专属经济区海洋勘测专项HY126项目虾蟹类补充调查中出现虾类品种36种，隶属12科21属，加上过去江苏省海域已报道过的海产虾类，合计有13科23属48种。本次调查未有新种出现，为近岸性或广温广盐性种，种类明显少于江苏省大陆架海域种类。

蟹类：1998～2000年我国专属经济区海洋勘测专项HY126项目虾蟹类补充调查中出现蟹类38种，隶属12科22属。且近岸海域蟹类种类明显少于江苏省大陆架海域种类。

根据20世纪80年代初海岸带与海涂资源综合调查，江苏近岸海域鱼类资源密度为1.364 t/km^2，资源量为5.726×10^4 t。本次近岸海域基础调查结果表明，鱼类资源密度为0.105～0.683 t/km^2，资源量为0.406×10^4～2.692×10^4 t。鱼类资源密度减少49.93%，资源量减少52.99%，分别减少近一半或一半多。

表5-1 江苏省近岸海域鱼类资源密度和资源量

调查项目与时间	鱼类资源密度（t/km^2）	鱼类资源量（×10^{4}t）	评价面积（km^2）
海岸带和海涂资源综合调查（1981～1982年）	1.364	5.726	41.982
江苏近岸海域基础调查（2006～2007年）	0.105～0.683	0.406～2.692	39.511

与20世纪80年代初相比，大黄鱼资源密度降低99.84%，资源量减少99.85%；海鳗资源密度降低15.71%，资源量减少20.53%；黄鲫资源密度降低93.47%，资源量减少93.85%；灰鲳资源密度降低94.86%，资源量减少95.17%；蓝点马鲛资源密度降低80.99%，资源量减少82.09%；鳓鱼资源密度降低98.19%，资源量减少98.29%；银鲳资源密度降低36.17%，资源量减少39.9%；只有小黄鱼资源密度增加4.9倍，资源量增加4.57倍。8个品种中有半数资源密度和资源量较80年代初减少超过90%（表5-2）。

表 5-2　不同时期江苏省近岸海域部分经济鱼类资源密度和资源量比较

品种	海岸带海涂综合调查（1981～1982年）		江苏近岸海域基础调查（2006～2007年）			
	资源密度（t/km²）	资源量（×10⁴t）	资源密度（t/km²）	资源密度相比1981～1982年增减（%）	资源量（×10⁴t）	资源量相比1981～1982年增减（%）
黄鲫	0.294 8	1.237	0.019 24	−93.47	0.076 02	−93.85
银鲳	0.272 6	1.144	0.174 00	−36.17	0.687 50	−39.9
大黄鱼	0.140 2	0.589	0.000 23	−99.84	0.000 89	−99.85
灰鲳	0.079 0	0.332	0.004 06	−94.86	0.016 03	−95.17
蓝点马鲛	0.069 4	0.291	0.013 19	−80.99	0.052 13	−82.09
鳓	0.051 3	0.215	0.000 93	−98.19	0.003 67	−98.29
海鳗	0.031 2	0.131	0.026 30	−15.71	0.104 10	−20.53
小黄鱼	0.024 2	0.102	0.142 70	490	0.567 90	457

5.1.2 滩涂围垦

围垦滩涂是指在沿海滩涂将涨落潮位差大的地段筑堤拦海，防止潮汐浸渍并将堤内海水排出，造成土地，用于农业生产的工程。在垦区内开挖河道，并于入海口修建闸口，防止海潮沿河倒灌，便于排除雨季渍涝和新围垦土地中的大量盐分。并需兴修灌溉引水渠系，建立相应的排水系统引淡排咸，在围垦区内侧应开挖截渗沟，以防止海水对垦区继续补给盐分。或在田间开挖毛排沟，形成条田并在条田上平地筑堰，利用降雨蓄淡淋盐，经过一个雨季，1 m土层脱盐率可达10%～30%。围垦区的滩涂可直接种稻，如能做到事先整地翻耕、泡田洗盐，生育期灌水得当、管理及时，当年即可获得高产量。1 m土层的含盐量可减少50%～80%。围垦初期，因表土含盐量高应及时换水，以保证水稻正常生长。也可先选种耐盐作物或一定比例的绿肥以改良土壤。我国浙江萧山、江苏射阳、辽宁兴城及其他沿海滩涂已部分围垦利用。日本早在16～19世纪已在鹿儿岛附近围垦滩涂31万hm。对滩涂应进行综合开发利用，宜农则农，宜渔则渔，宜盐则盐，并需营建防护林以改善滩涂生态环境。应加强科学管理，以免农田和虾池鱼塘排水污染海域（富营养化）。

江苏省海域用海总面积419 449.87 hm²中以渔业用海为主，渔业用海面积为314 036.8 hm²，占74.9%；围海造地用海12 096.55 hm²，占用海总面积的2.9%。江苏省海域近几年围海造田用海增长数量较快，2006年为98宗，2008年增长到223宗，2006年为7 315.76 hm²，2007年增为10 076.55 hm²，2008年增为12 096.55 hm²。其中连云港市围海造地用海2 983.42 hm²，占用海总面积的3.4%；盐城市围海造地用海1 659.99 hm²，占用海总面积的1.0%；连云港市围海造地用海7 453.14 hm²，占用海总面积的5.2%。

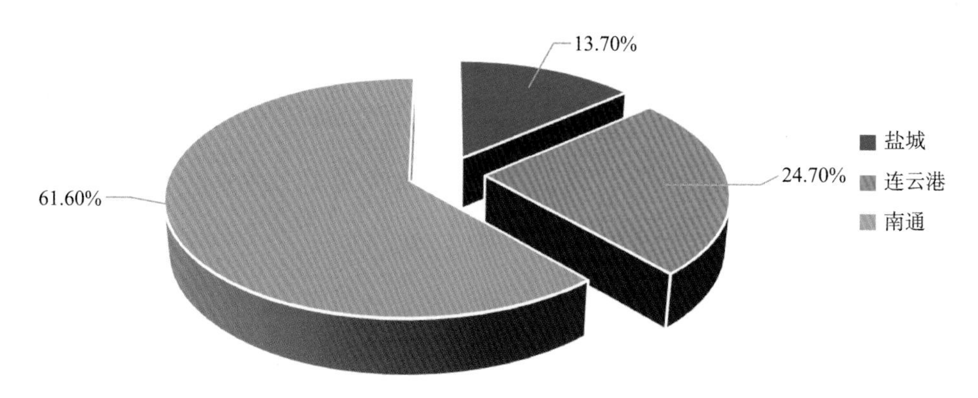

图5-2
2008年沿海各市围海造地用海比例图

围填海呈上升趋势，但存在一定的盲目性。江苏省近几年围填海、用海呈上升趋势。一方面由于陆地土地资源较紧张，控制较严。江苏省沿海滩涂资源丰富，有围海造地的条件，且用海的审批较土地宽松。因此，沿海地区选择通过围海造地发展工业园区或进行城市建设。另一方面。近年来沿海各市启动建设大型海港和港口的开发需要建设堆场等配套基础设施，这也使得围填海用海增多。

5.1.3 · 港口开发

现有港口规模较小，大型海港开发开始启动，江苏省海域的港口用海规模较小，但有上升趋势。目前江苏省海域规模较大的海港只有连云港，苏中、苏南地区缺乏大型海港。江苏中部、南部海域长期以来受岸滩稳定性、辐射沙脊群及河口拦门沙等自然条件制约，港口规模普遍较小，主要为渔船的进出通道，码头建设以中小泊位为主，且基本处于闲置状态。研究表明江苏省海域的辐射沙脊群区及侵蚀性岸段也具备建设大型海港的条件，随着江苏省沿海开发战略的实施，沿海地区纷纷以港口的建设作为突破口，目前大丰港、洋口港、吕四港、滨海港等大型海港的建设已经启动。

5.1.4 · 旅游开发

江苏省海域旅游用海面积为54.82 hm²，主要分布在连云港市的连岛和黄窝，其中连岛大沙湾海滨浴场面积为21.75 hm²，连岛苏马湾海滨浴场面积为7.69 hm²，黄窝海滨浴场面积为14.44 hm²，西墅沙滩10.94 hm²。此外，还有连云湾内旅游基础设施用海面积1 hm²。

连云港市位于江苏省的东北端，现为江苏最大海港、苏北和中西部最经济便捷的出海口、新亚欧大陆桥东桥头堡，是全国49个重点旅游城市和江苏3大旅游区之一。古迹丰富，历史久远。全市有风景区14个，风景点116处，素有“东海第一胜境”之称，独特的城市风貌和旅游景观，造就了山、海、岛、港相得益彰，水秀山明浑然一体的宜人风光。花果山景区、连岛度假区、孔望山和渔湾先后被评为国家4A级旅游区。其中，花果山景区被评为全国文明风景旅游区示范点，连岛度假区被评为全国健康型海水游泳场。

盐城市位于江苏省的东端，是江苏省省辖市中面积最大的市。市区河流纵横交错，蜿蜒曲折，数量众多，水乡特色显著，号称“百河之城”，“人、水、城”相伴而生，和谐生长。目前，全市对外开放的旅游景区已达40多家，其中有中华麋鹿园、盐城串场河海盐文化风貌区和大纵湖旅游度假区三个国家4A级旅游景区。“东方湿地、鹤鹿故乡”，盐城旅游品牌的影响力不断增强。582 km的海岸线对应着广阔的海洋。沿海滩涂面积45.5万hm^2（683万亩），占江苏省滩涂总面积的75%，全国的1/7，且每年以0.33万hm^2（5万亩）的成陆速度增长。绵延数百千米的滩涂湿地拥有丹顶鹤和麋鹿两个国家级自然保护区。这里海天相接，草木茂盛，鹤舞鹿鸣，一派原始生态风光，是近百种国家一、二类保护动物和近千种动植物栖息生长地。

南通市位于江苏省东部，东抵黄海，南望长江，“据江海之会，扼南北之喉”，是中国首批对外开放的14个沿海城市之一，被称为“中国近代第一城”。南通江风海韵，风光绮丽，15 km的濠河环抱古城，被国内外游人誉为“少女脖子上的翡翠项链”。南通有濠河风景区、狼山风景区、南通博物院和如皋水绘园4个国家4A级旅游景区。南通的海滩平展开阔，百里县区不乏寻幽探胜之地。海安的青墩文化遗址、如皋的定慧寺、通州的文天祥南归渡海亭、如东的“海上迪斯科”（踩文蛤）和“空中交响乐”（海滨放风筝）、启东的圆陀角观日亭等名闻遐迩。

可惜的是，滩涂这一特殊区域本身具有复杂性和开发多样性，而滩涂开发却又一直缺乏一个权威、专业而又相对独立的滩涂扎口管理部门来进行宏观调控，从而沿海旅游资源以及滩涂的开发管理就缺乏了宏观调控的力度。目前，江苏省沿海旅游开发模式粗放、资源保护手段落后和经营管理技术水平不高都说明沿海旅游业知识含量较低。

5.1.5 · 生物入侵

生物入侵是指某种生物从外地自然传入或人为引种后成野生状态，并对本地生态系统造成一定危害的现象。研究表明外来生物入侵被认为是仅次于生境破坏造成生物多样性濒危以至丧失的第二大原因，也是引起生态系统结构破坏、功能丧失的一个主要因素。

江苏省沿海地区具有独特的地理条件和气候特点，加之经济、贸易、交通以及旅游业的快速发展，外来物种的入侵速度和数量呈现出不断增长的趋势。对沿海地区的生物多样性、生态环境、经济发展等造成了一定程度的负面影响。已经引起人们的普遍关注。因此，了解江苏沿海地区生物入侵的现状，对于加强外来入侵物种的防控以及保障区域经济的可持续发展都具有十分重要的意义。

通过对江苏省沿海地区南通市、盐城市和连云港市开展实地调查，初步鉴明的主要外来物种约60种，涉及无脊椎动物、脊椎动物、陆生植物、水生植物和微生物5大类。在这些外来入侵物种中，包括被我国列入第1批外来入侵物种名单的空心莲子草、互花米草、凤眼莲、假高粱和毒麦，也包括被世界自然保护联盟UCN列入全球100种最具威胁的外来入侵物种名单的烟粉虱、台湾乳白蚁、大米草和白茅。

生物入侵本地的途径有两种：一是在改善农林牧渔业生产生态环境建设、生态保护等活动中有意识地引进的物种，然后逐步演变为入侵物种；二是通过贸易、运输旅游等活动传入本地。

生物入侵对江苏省沿海地区生态环境的影响主要表现为破坏原有生态系统的自然性和完整性、导致系统生物多样性的丧失、产生巨大的经济损失等。

5.2 · 滩涂资源保护

江苏省沿海滩涂的自然条件优越，现状良好，是我国沿海实现“湿地生态保护与经济协调发展”最为有利的区域之一。目前，面临日益加快开发江苏省沿海滩涂湿地的局势，如何协调好滩涂湿地资源保护和滩涂开发利用的关系，保护好滩涂自然生态环境和滩涂湿地的生物多样性已是十分紧迫的问题，应引起学界和政府部门的高度重视，并联合采取对策加强沿海湿地及其周边区域科学研究工作，避免盲目开发。已有专家指出，要积极组织人力和物力，系统规划战略水利规划，开展江苏省沿海滩涂湿地自然及其周围土地利用状况调查、分析和评价工作。弄清楚历史时期潮滩湿地演变与开发利用的过程、特点及存在的问题，分析滩涂湿地的地貌、水文水动力、生态类型等特征，识别湿地的主要功能，评价湿地的功能容量和生态价值，在细致调查沿海滩涂资源的主要利用方式与现状分布情况基础上，分析湿地生态系统对人类活动的响应过程及特点，评价目前湿地资源主要利用方式的经济效益和环境效应，针对经济发展和环境保护的双重目标，研究滩涂湿地利用的优化方法和管理模式。高起点进行滩涂湿地生态保护与开发规划，坚持生态开发，制定沿海滩涂生态保护与开发规划，重点是在分析和量化各岸段资源承载力和环境承载力的基础上，找出适合江苏省沿海具体岸段滩涂条件的，能够准确表述“人口、资源、环境和发展”四者相互制约、相互促进关系的特征和计算模型，优化滩涂资源利用结构，提出提高资源承载力和环境承载力的具体可行的措施。在保护自然滩涂湿地的同时，规划建设滩涂人工湿地，是合理、高效利用和保护沿海滩涂资源的重要途径。在江苏省沿海滩涂规划建设人工湿地是人与自然和谐相处的客观要求。规划建设人工湿地应坚持以下基本原则。

①湿地开发限制原则。根据科学评估，确定不同岸段的“难法湿地承载能力”，规定必须保护的自然湿地面积数量（试值）与位置限制“开发脚印”。如果当地的自然湿地资源确有富余，则可以考虑规划人工湿地。

②功能可恢复原则。在滩涂上兴建的具有某种目的的人工湿地，在其使用寿命结束后，能恢复为原来的湿地功能。

③分项效益增加原则。兴建的人工湿地，经过综合评价计算，必须在功能、生态、经济、社会效益等方面分项增加的效益比失去的效益多，即有项目分项效益减去无项目分项效益大于零。

④当地居民认可原则。所建人工湿地的方案必须向公众公示，将项目带来的得失给当地居民说明清楚，并得到2/3以上直接受其影响的当地居民的同意。优先改善水环境，建立健全水环境管护体系。管理和保护好江苏省海岸带的水环境应放在优先的位置。为了切实加强江苏省海岸带水环境的管护，建立健全高效负责的管护体系很有必要。

根据江苏省海岸带水环境的特点，管护体系应着重包含以下功能。

①建立流域水环境协调机构。可以水利系统现有的流域管理机构为基础，与入海河流上游地区的政府部门形成共识并联合行动，对入海河流的水质进行定期监测，找出污染源，提出整治方案，筹措治污资金，并督促治污工程的实施。

由江苏省政府进一步明确海岸带主管部门，把海岸带作为一个特殊的经济区域进行统一管理。其任务之一就是牵头组织有关部门和机构，提出综合开发利用和环境保护规划，并组织实施，对本地已有的和新增的污染源进行严格监控。

②通过地方立法，建立“海岸带水环境管护区”机制。所谓“海岸带水环境管护区”，是将海岸带按水系功能结合行政区域，划分为若干个小区，按小区设立水环境管护协会，其主要责任是与政府有关部门联合行动，严格执行环境保护的有关法规，用各种措施确保小区引用的水质达标，排放的水质达标。

参考文献

[1] 王颖,朱大奎.中国的潮滩[J].第四纪研究,1990,10(004):291~300.

[2] 毋亭.近70年中国大陆岸线变化的时空特征分析[D].中国科学院烟台海岸带研究所,2016.

[3] 丁言者.江苏近岸海域水质变化特征研究[D].南京师范大学,2014.

[4] 吕建树.江苏典型海岸带土壤及沉积物重金属环境地球化学研究[D].南京大学,2015.

[5] Belan TA. Benthos abundance pattern and species com position in condition s of pollution in Amursky Bay(the Peter the Great Bay, the Sea of Japan)[J]. Marine Pollution Bulletin, 2003,46:1111~1119.

[6] Liu L S, wei M, Tian Z Q, et al.Distribution and variation of macrobenthos from the Changjiang Estuary and its adjacent waters[J]. Acta Ecologica Sinica, 2008,28(7):3027~3034.

[7] 刘录三,孟伟,田自强,等.长江口及毗邻海域大型底栖动物的空间分布与历史演变[J].生态学报,2008,28(7):3027~3034.

[8] 张虎,郭仲仁,刘培廷,等.苏北浅滩生态监控区大型底栖生物分布特征[J].南方水产科学,2009,5(1):29~35.

[9] 张志南,图立红,于子山.黄河口及其邻近海域大型底栖动物的初步研究(二)生物与沉积环境的关系[J].青岛海洋大学学报,1990,20(2):45~52.

[10] 韩洁,张志南,于子山.渤海中、南部大型底栖动物的群落结构[J].生态学报,2004,24(3):531~537.

[11] 袁伟,张志南,于子山,等.胶州湾西北部海域大型底栖动物群落研究[J].中国海洋大学学报,2006,36(Sup.):91~97.

[12] 刘录三,李新正.南黄海春秋季大型底栖动物分布现状[J].海洋与湖沼,2003,34(1):26~30.

[13] Currie D R, Small K J.Macrobenthic community responses to long-term environmental change in an east Australian sub-tropical estuary[J]. Estuarine, Coastal and Shelf Science, 2005,63:315~331.

[14] 田丰歌,徐兆礼.春夏季江苏沿海潮间带大丰水域浮游动物生态特征[J].海洋环境科学,2011,30(3):316~320.

[15] 凌申.江苏东部沿海滩涂生态经济建设的思考[J].生态经济,2001,12:122～124.

[16] 唐保根.东海西部海域现代沉积环境分区及沉积特征的初步研究[J].海洋地质与第四纪地质,1992,12(4):29～40.

[17] 熊瑛,钟俊生,汤建华,等.苏北浅滩生态监控区鱼卵的种类组成和数量分布[J].海洋渔业,2007,29(3):200～206.

[18] 薛超波,王国良,金珊.海洋滩涂贝类养殖环境的研究现状[J].生态环境学报,2004,13(1):116～118.

[19] 周军,李怡群,张海鹏,等.河北省潮间带生物现状及群落结构变化趋势[J].河北渔业,2006(11):33～37.

[20] Lubchenco J, Menge B A. Community Development and Persistence in a Low Rocky Intertidal Zone[J]. Ecological Monographs, 1978,48(1):67～94.

[21] 赵永强,曾江宁,陈全震,等.宁波大榭开发区北岸潮间带春季大型底栖动物群落格局[J].动物学杂志,2009,44(2):78～83.

[22] 国家海洋局.海洋沉积物质量GB18668—2002[S].北京:中国标准出版社,2002.

[23] 夏增禄,李森照,李廷芳.土壤元素背景值及其研究方法[M].气象出版社,1987.

[24] 徐争启,倪师军,庹先国,等.潜在生态危害指数法评价中重金属毒性系数计算[J].环境科学与技术,2008,31(2): 112～115.

[25] Adeniji A.O., Okoh O.O., Okoh A.I. Distribution pattern and health risk assessment of polycyclic aromatic hydrocarbons in the water and sediment of Algoa Bay, South Africa[J]. Environmental Geochemistry and Health, 2018: 1～18.

[26] Barakat A.O., Mostafa A., Wade T.L., et al. Distribution and ecological risk of organochlorine pesticides and polychlorinated biphenyls in sediments from the Mediterranean coastal environment of Egypt [J]. Chemosphere, 2013, 93(3): 545～554.

[27] Boonyatumanond R., Wattayakorn G., Togo A., et al. Distribution and origins of polycyclic aromatic hydrocarbons (PAHs) in riverine, estuarine, and marine sediments in Thailand[J]. Marine Pollution Bulletin, 2006, 52(8): 942～956.

[28] Chen F., Lin J., Qian B., et al. Geochemical Assessment and Spatial Analysis of Heavy Metals in the Surface Sediments in the Eastern Beibu Gulf: A Reflection on the Industrial Development of the South China Coast [J]. Int J Environ Res Public Health, 2018, 15(3): 496.

[29] Combi T., Taniguchi S., Figueira R.C.L., et al. Spatial distribution and historical input of polychlorinated biphenyls (PCBs) and organochlorine pesticides (OCPs) in sediments from a subtropical estuary (Guaratuba Bay, SW Atlantic)[J]. Marine Pollution Bulletin, 2013, 70(1-2): 247～252.

[30] Carneiro D., Vieira S., Ewerton S., et al. Polycyclic aromatic hydrocarbons in sediments of the Amazon River Estuary (Amapá, Northern Brazil): Distribution, sources and potential ecological risk[J]. Marine Pollution

Bulletin, 2018, 135: 769～775.

[31] El Zrelli R., Courjault-Radé P., Rabaoui L., et al. Heavy metal contamination and ecological risk assessment in the surface sediments of the coastal area surrounding the industrial complex of Gabes city, Gulf of Gabes, SE Tunisia[J]. Marine Pollution Bulletin, 2015, 101(2): 922～929.

[32] Fung C.N., Zheng G.J., Connell D.W., et al. Risks posed by trace organic contaminants in coastal sediments in the Pearl River Delta, China[J]. Marine Pollution Bulletin, 2005, 50(10): 1036～1049.

[33] Gao S., Chen J., Shen Z., et al. Seasonal and spatial distributions and possible sources of polychlorinated biphenyls in surface sediments of Yangtze Estuary, China[J]. Chemosphere, 2013, 91(6): 809～816.

[34] Gu Y.G. Heavy metal fractionation and ecological risk implications in the intertidal surface sediments of Zhelin Bay, South China[J]. Marine Pollution Bulletin, 2018, 129(2): 905～912.

[35] Hakanson L. An ecological risk index for aquatic pollution control. A sedimentological approach[J]. Water Research, 1980, 14: 975～1001.

[36] He X., Pang Y., Song X., et al. Distribution, sources and ecological risk assessment of PAHs in surface sediments from Guan River Estuary, China[J]. Marine Pollution Bulletin, 2014, 80(1-2): 52～58.

[37] Keshavarzifard M., Moore F., Keshavarzi B., et al. Distribution, source apportionment and health risk assessment of polycyclic aromatic hydrocarbons (PAHs) in intertidal sediment of Asaluyeh, Persian Gulf [J]. Environmental Geochemistry and Health, 2018, 40(2): 721～735.

[38] Khalili N.R., Scheff P.A., Holsen T.M. PAH source fingerprints for coke ovens, diesel and, gasoline engines, highway tunnels, and wood combustion emissions[J]. Atmospheric Environment, 1995, 29(4): 533～542.

[39] Khan M.Z.H., Hasan M.R., Khan M., et al. Distribution of heavy metals in surface sediments of the Bay of Bengal Coast[J]. Journal of toxicology, 2017, 2017: 1～7.

[40] Larsen R.K., Baker J.E. Source apportionment of polycyclic aromatic hydrocarbons in the urban atmosphere: a comparison of three methods[J]. Environmental Science and Technology, 2003, 37(9): 1873～1881.

[41] Lee C.S.l., Li X., Shi W., et al. Metal contamination in urban, suburban, and country park soils of Hong Kong: a study based on GIS and multivariate statistics[J]. Science of the Total Environment, 2006, 356(1-3): 45～61.

[42] Lemieux P.M., Lutes C.C., Santoianni D.A. Emissions of organic air toxics from open burning: a comprehensive review[J]. Progress in Energy and Combustion Science, 2004, 30: 1～32.

[43] Lin F., Han B., Ding Y., et al. Distribution characteristics, sources, and ecological risk assessment of polycyclic aromatic hydrocarbons in sediments from the Qinhuangdao coastal wetland, China [J]. Marine Pollution Bulletin, 2018, 127: 788～793.

[44] Liu X., Zhang L., Zhang L. Concentration, risk assessment, and source identification of heavy metals in

surface sediments in Yinghai: A shellfish cultivation zone in Jiaozhou Bay, China [J]. Marine Pollution Bulletin, 2017, 121(1-2): 216～221.

[45] Long E.R., Macdonald D.D., Smith S.L., et al. Incidence of adverse biological effects within ranges of chemical concentrations in marine and estuarine sediments [J]. Environmental management, 1995, 19(1): 81～97.

[46] Lv J., Liu Y., Zhang Z., et al. Distinguishing anthropogenic and natural sources of trace elements in soils undergoing recent 10- year rapid urbanization: a case of Donggang, Eastern China [J]. Environmental Science and Pollution Research, 2015, 22(14): 10539～10550.

[47] Lv J., Liu Y., Zhang Z., et al. Factorial kriging and stepwise regression approach to identify environmental factors influencing spatial multi-scale variability of heavy metals in soils [J]. Journal of Hazardous materials, 2013, 261: 387～397.

[48] Macdonald D.D., Carr R.S., Calder F.D., et al. Development and evaluation of sediment quality guidelines for Florida coastal waters [J]. Ecotoxicology, 1996, 5(4): 253～278.

[49] Marr L.C., Kirchstetter T.W., Harley R.A., et al. Characterization of polycyclic aromatic hydrocarbons in motor vehicle fuels and exhaust emissions [J]. Environmental Science and Technology, 1999, 33(18): 3091～3099.

[50] Martín J.A.R., Arias M.L., Corbí J.M.G. Heavy metals contents in agricultural topsoils in the Ebro basin (Spain). Application of the multivariate geoestatistical methods to study spatial variations [J]. Environmental Pollution, 2006, 144(3): 1001～1012.

[51] Mehmood T., Chaudhry M.M., Tufail M., et al. Heavy metal pollution from phosphate rock used for the production of fertilizer in Pakistan [J]. Microchemical Journal, 2009, 91(1): 94～99.

[52] Mo L., Zheng J., Wang T., et al. Legacy and emerging contaminants in coastal surface sediments around Hainan Island in South China [J]. Chemosphere, 2019, 215: 133～141.

[53] Montuori P., Aurino S., Garzonio F., et al. Polychlorinated biphenyls and organochlorine pesticides in Tiber River and Estuary: Occurrence, distribution and ecological risk [J]. Science of the Total Environment, 2016, 571: 1001～1016.

[54] Montuori P., Cirillo T., Fasano E., et al. Spatial distribution and partitioning of polychlorinated biphenyl and organochlorine pesticide in water and sediment from Sarno River and Estuary, Southern Italy [J]. Environmental Science and Pollution Research, 2014, 21(7): 5023～5035.

[55] Neşer G., Kontas A., Ünsalan D., et al. Heavy metals contamination levels at the Coast of Aliağa (Turkey) ship recycling zone [J]. Marine Pollution Bulletin, 2012, 64(4): 882～887.

[56] Neyestani M.R., Bastami K.D., Esmaeilzadeh M., et al. Geochemical speciation and ecological risk

assessment of selected metals in the surface sediments of the northern Persian Gulf[J]. Marine Pollution Bulletin, 2016, 109(1): 603～611.

[57] Shi J., Li P., Li Y., et al. Polychlorinated biphenyls and organochlorine pesticides in surface sediments from Shantou Bay, China: Sources, seasonal variations and inventories[J]. Marine Pollution Bulletin, 2016, 113(1-2): 585～591.

[58] Song H., Liu J., Yin P., et al. Distribution, enrichment and source of heavy metals in Rizhao offshore area, southeast Shandong Province[J]. Marine Pollution Bulletin, 2017, 119(2): 175～180.

[59] Wang J., Ye S., Laws E.A., et al. Surface sediment properties and heavy metal pollution assessment in the Shallow Sea Wetland of the Liaodong Bay, China[J]. Marine Pollution Bulletin, 2017, 120(1-2): 347～354.

[60] Yuan X., Yang X., Na G., et al. Polychlorinated biphenyls and organochlorine pesticides in surface sediments from the sand flats of Shuangtaizi Estuary, China: levels, distribution, and possible sources [J]. Environmental Science and Pollution Research, 2015, 22(18): 14337～14348.

[61] Zhang J., Gao X. Heavy metals in surface sediments of the intertidal Laizhou Bay, Bohai Sea, China: Distributions, sources and contamination assessment[J]. Marine Pollution Bulletin, 2015, 98(1-2): 320～327.

[62] Zhang J.D., Wang Y.S., Cheng H., et al. Distribution and sources of the polycyclic aromatic hydrocarbons in the sediments of the Pearl River estuary, China[J]. Ecotoxicology, 2015, 24(7-8): 1643～1649.

[63] Zhao L., Hou H., Zhou Y., et al. Distribution and ecological risk of polychlorinated biphenyls and organochlorine pesticides in surficial sediments from Haihe River and Haihe Estuary Area, China [J]. Chemosphere, 2010, 78(10): 1285～1293.

[64] 赵骞.沿海滩涂管理问题研究[J].海洋开发与管理,2014,31(08):15～18.

[65] 章志,宋晓村,邱宇,等.江苏省沿海滩涂资源开发利用研究.海洋开发与管理,2015,32(03):45～49.

[66] 吴津锦.我国沿海滩涂的环境管理体制及其改革研究.资源节约与环保,2015(12):120.

[67] 张冲,杨同军.江苏省沿海滩涂资源利用现状及其存在的问题.港工技术,2014,51(01):43～45.

附录

江苏省沿海滩涂底栖动物原色图谱

一、贝类

（一）双壳类

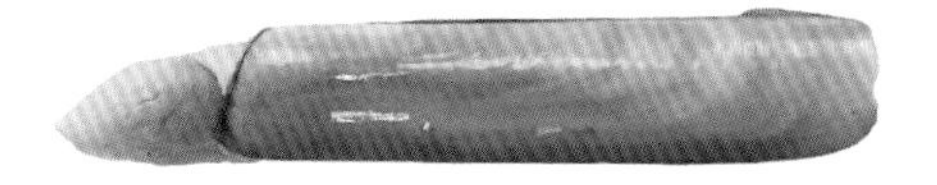

1. 大竹蛏（*Solen grandis*）

2. 长竹蛏（*Solen strictus*）

3. 缢蛏（*Sinonovacula constricta*）

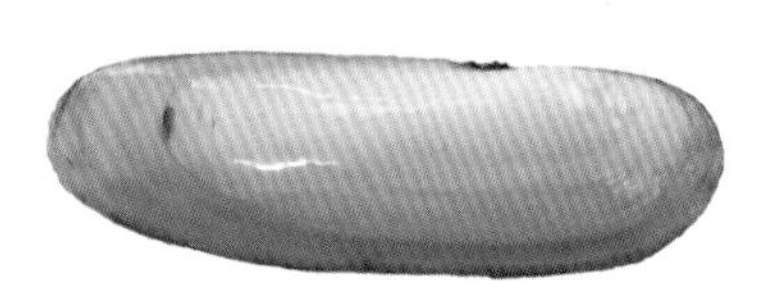

4. 小刀蛏（*Cultellus attenuatius*）

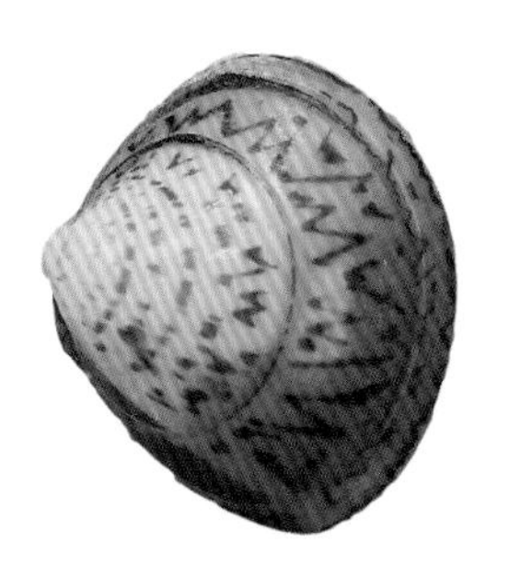

5. 短文蛤（*Meretrix pethechialis*）

6. 文蛤（*Meretrix meretrix*）

7. 菲律宾蛤仔（*Ruditapes philippinarum*）

8. 虹光亮樱蛤（*Moerella iridescens*）

9. 焦河篮蛤（*Potamocorbula ustulata*）

10. 青蛤（*Cyclina sinensis*）

11. 日本镜蛤（*Dosinia japonica*）

12. 纹斑棱蛤（*Trapezium liratum*）

13. 凸壳肌蛤（*Musculus senhousei*）

14. 紫彩血蛤（ *Nuttallia olivacea*）

15. 紫石房蛤（*Saxidomus purpuratus*）

16. 魁蚶（*Scapharca broughtoni*）

17. 毛蚶（*Scapharca subcrenata*）

18. 紫贻贝（*Cultellus attenuatus*）

19. 厚壳贻贝（*Mytilus coruscus*）

20. 栉江珧（*Atrina pectinata*）

21. 中国绿螂（*Glauconome chinensis*）

22. 西施舌（*Coelomactra antiquate*）

23. 四角蛤蜊（*Mactra veneriformis*）

24. 近江牡蛎（*Ostrea rivularis*）

（二）螺类

25. 白带笋螺（*Duplicaria dussumierii*）

26. 朝鲜笋螺（*Terebra koreana*）

27. 显眼栉笋螺（*Duplicaria badia*）

28. 半褶织纹螺（*Nassarius semiplicata*）

29. 纵肋织纹螺（*Nassarius variciferus*）

30. 节织纹螺（*Nassarium hepaticus*）

31. 秀丽织纹螺（*Nassarius festivus*）

32. 扁玉螺（*Glossaulax didyma*）

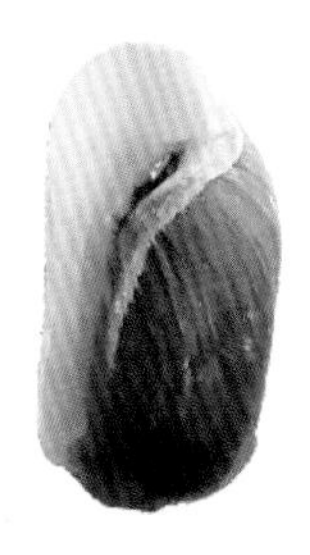

33. 伶鼬榧螺（*Oliva mustelina*）

34. 单齿螺（*Monodonta labio*）

35. 短滨螺（*Littorina brevicula* ）

36. 结晶亮螺（*Phos muriculatus*）

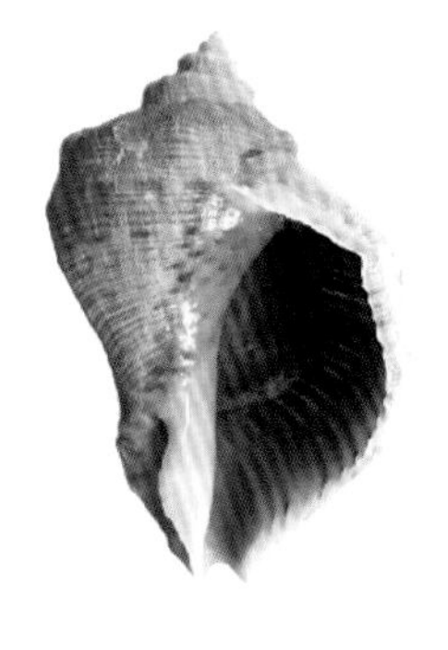

37. 脉红螺（*Rapana venosa* ）

38. 泥螺（*Bullacta exarate*）

39. 苹果峨螺（*Volutharpa ampullaceal*）

40. 托氏蜎螺（*Umbonium thomasi*）

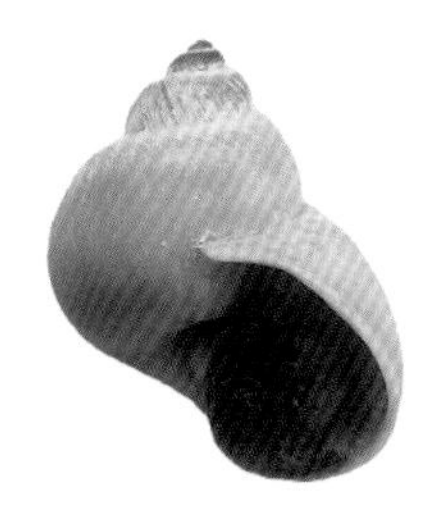

41. 微黄镰玉螺（*Polinices fortune*）

42. 绣凹螺（*Chlorostoma rustica*）

43. 疣荔枝螺（*Thais clavigera*）

44. 爪哇拟塔螺（*Turricula javana*）

45. 纵带滩栖螺（*Batillaria zonalis* ）

46. 海蜗牛（*Janthina janthina*）

（三）其他贝类

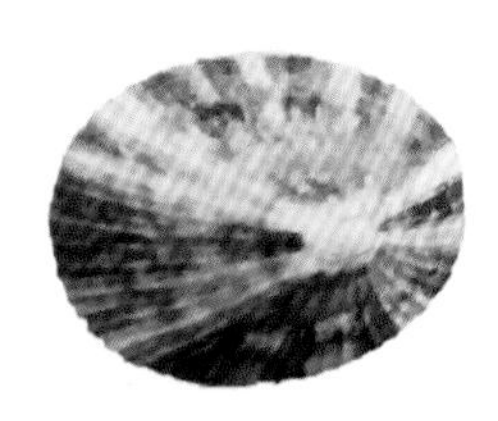

47. 斗嫁蝛（*Cellana grata*）

48. 红条毛肤石鳖（*Acanthochiton rubrolineatus*）

二、甲壳类

49. 绒毛近方蟹（*Hemigrapsus penicillatus*）

50. 中华近方蟹（*Hemigrapsus sinensis*）

51. 中华虎头蟹（*Orithyia sinica*）

52. 长足长方蟹（*Metaplax longipes Stimpson*）

53. 泥脚隆背蟹（*Carcinoplax vestitus*）

54. 紫隆背蟹（*Carcinoplax purpurea*）

55. 马氏毛粒蟹（*Pilumnopeus makianus*）

56. 豆形拳蟹（*Pyrhila pisum*）

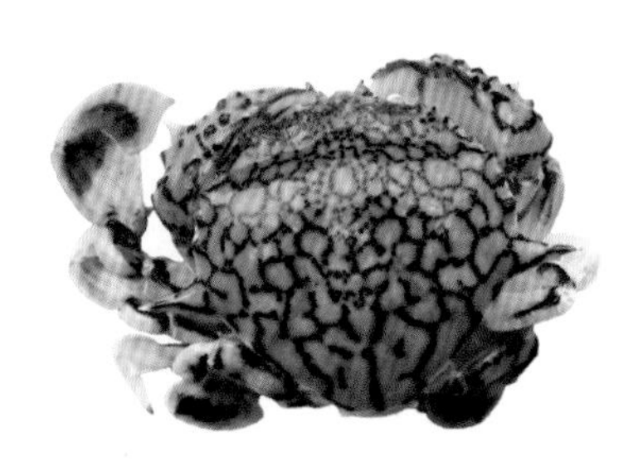

57. 红线黎明蟹（*Matuta planipes*）

58. 异细螯寄居蟹（*Clibanarius inaequalis*）

59. 宽身大眼蟹（*Macrophthalmus dilatatum*）

60. 拟穴青蟹（*Scylla paramamosain*）

61. 三疣梭子蟹（*Portunus trituberculatus*）

62. 天津厚蟹（*Helice tridens*）

63. 沈氏厚蟹（*Helice tridens*）

64. 屠氏招潮（*Uca dussumieri*）

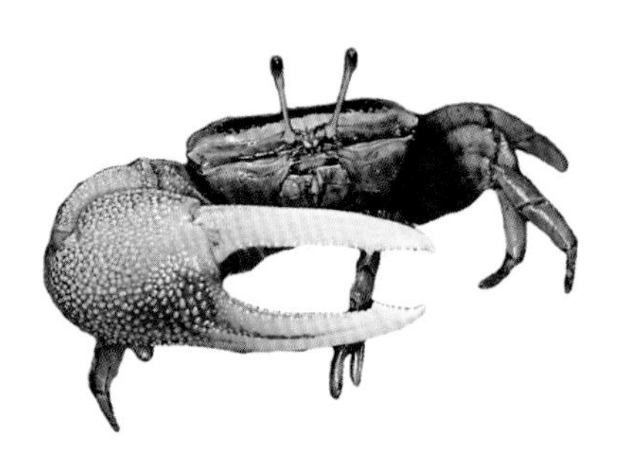

65. 弧边招潮（*Uca arcuata*）

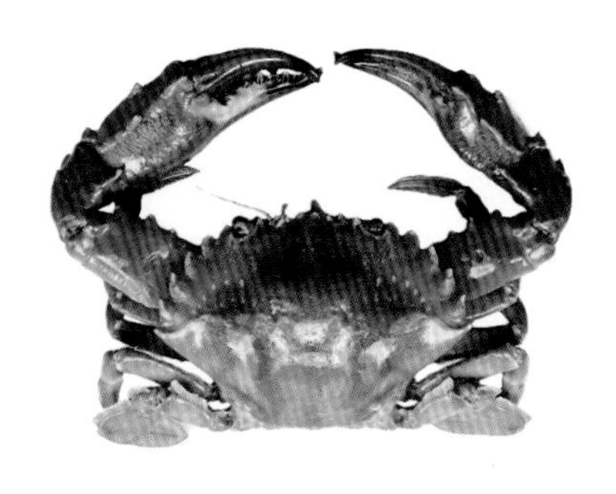

66. 红螯相手蟹（*Chiromantes haematocheir*）

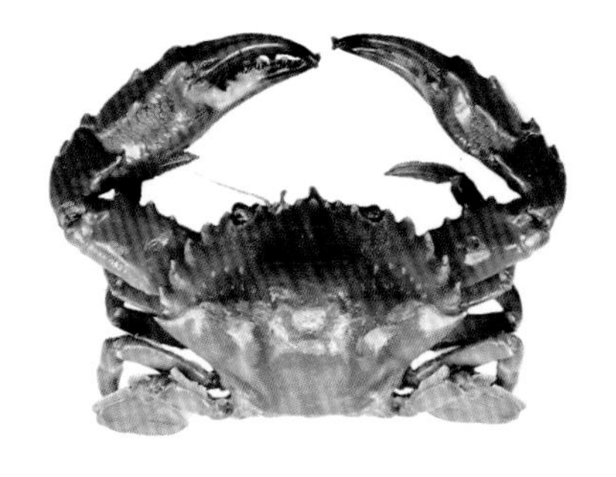

67. 锐齿蟳（*Charybdis acuta*）

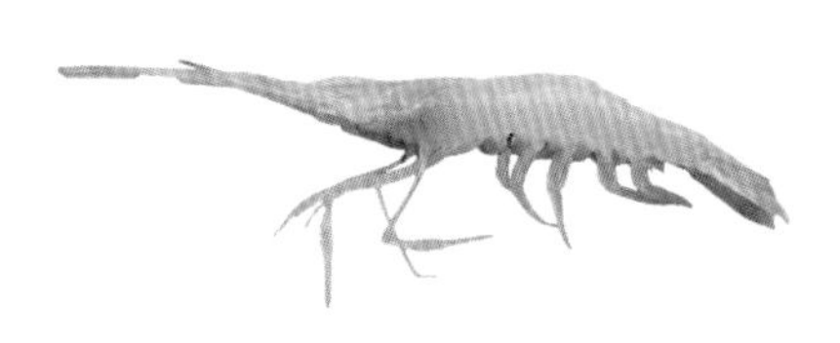

68. 脊尾白虾（*Exopalaemon carinicauda*）

69. 哈氏美人虾（*Callianassa harmandi*）

70. 刀额新对虾（*Metapenaeus ensis*）

71. 口虾蛄（*Oratosquilla oratoria*）

72. 中华小长臂虾（*Palaemonetes sinensis*）

73. 河蜾蠃蜚（*Corophium acherusicum*）

74. 海蟑螂（*Amphioplus vadicola*）

75. 细螯虾（*Leptochela gracilis Stimpson*）

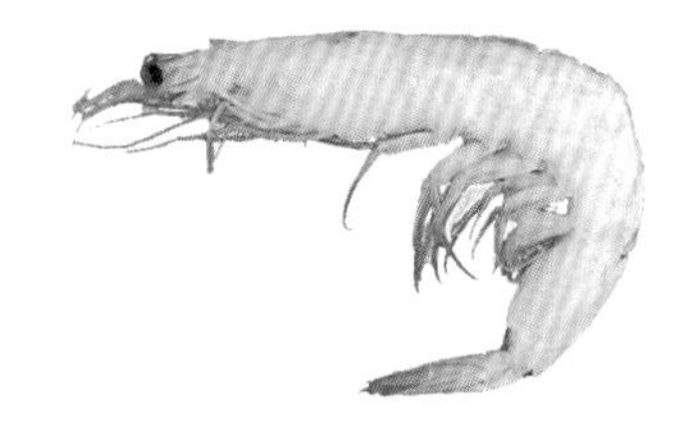

76. 中国毛虾（*Acetes chinensis*）

77. 三角藤壶（*Balanus trigonus*）

78. 纹藤壶（*Balanus amphitrite*）

三、多毛类

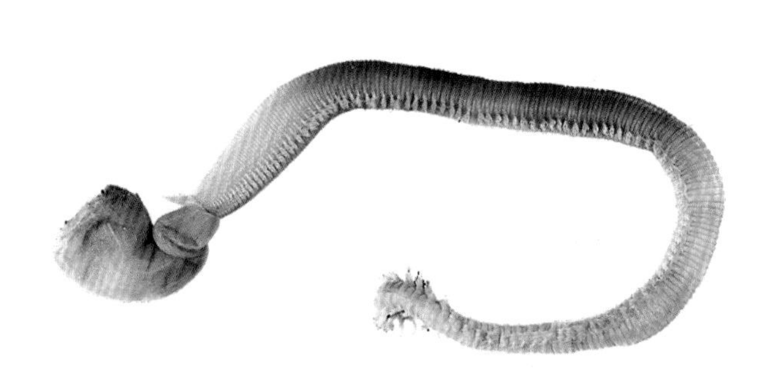

79. 中锐吻沙蚕（*Glycera rouxii*）

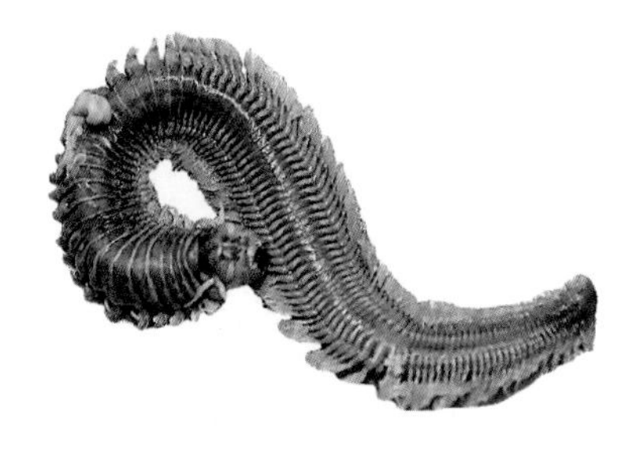

80. 双齿围沙蚕（*Perinereis aibuhitensis*）

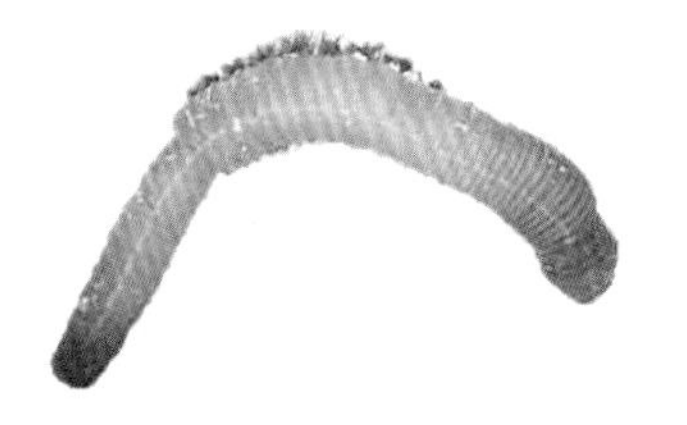

81. 巴西沙蠋（*Arenicola brasiliensis*）

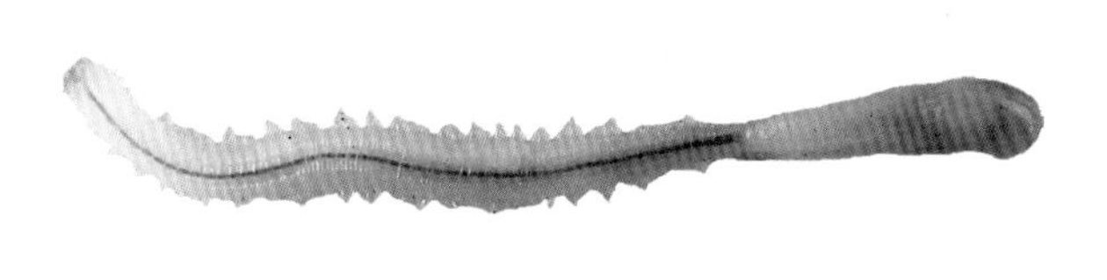

82. 长吻沙蚕（*Glycera chirori*）

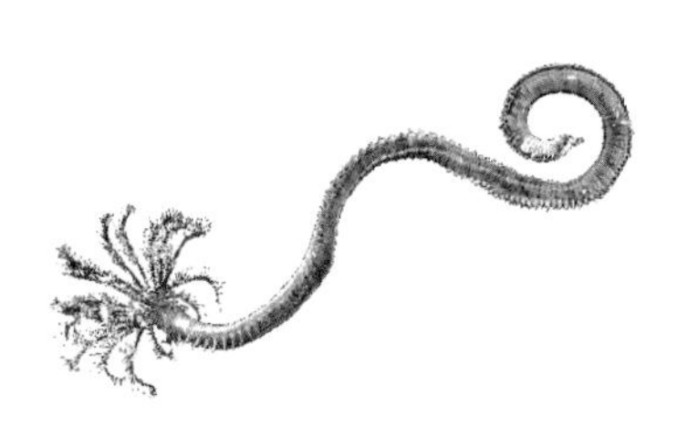

83. 缨鳃虫（*Sabellidae*）

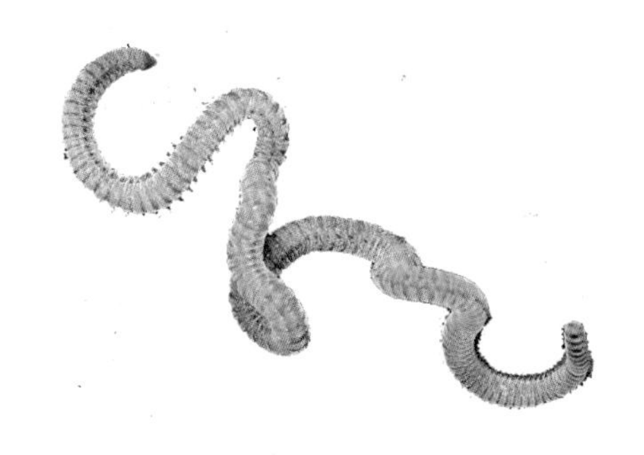

84. 异足索沙蚕（*Lumbricomereis heeropoda*）

85. 头吻沙蚕（*Glycera capitata*）

86. 拟突齿沙蚕（*Paraleonnats uschakovi*）

87. 花索沙蚕（*Diopatra neapolitana*）

四、滩涂鱼类

88. 大弹涂鱼（*Periophthalmus modestus*

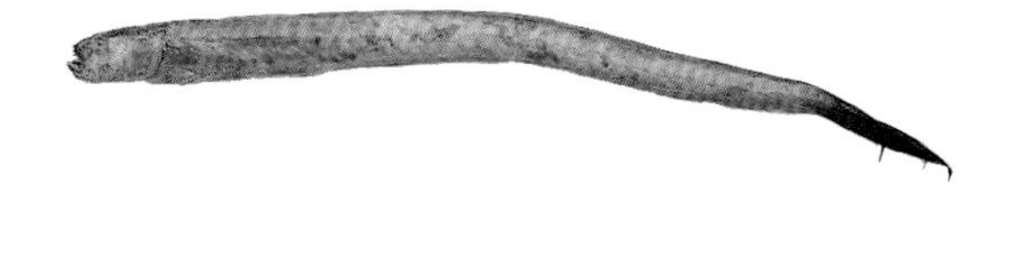

89. 红狼牙鰕虎鱼（*Odontamblyopus rubicundus*）

90. 三斑海马（*Hippocampus trimaculatus*）

91. 线纹海马（*Hippocampus erectus*）

五、其他类

92. 高海笔（*Pennatula phosphorea*）

93. 细海笔（*Funiculina sp.*）

94. 短蛸（*Octopus ocellatus*）

95. 滩栖蛇尾（*Amphiura chiajei*）

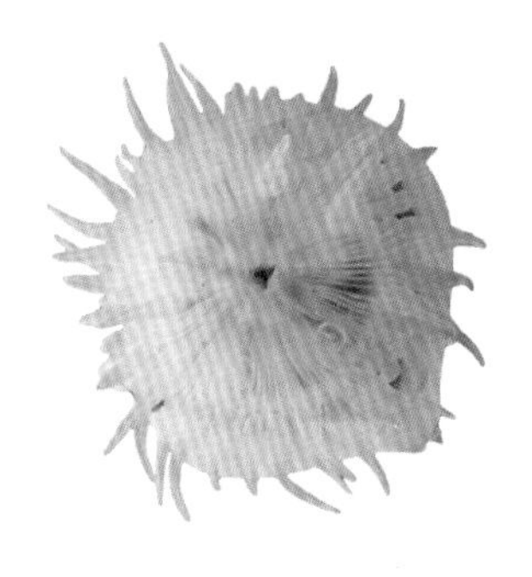

96. 中华仙影海葵（*Cereus sinensis*）

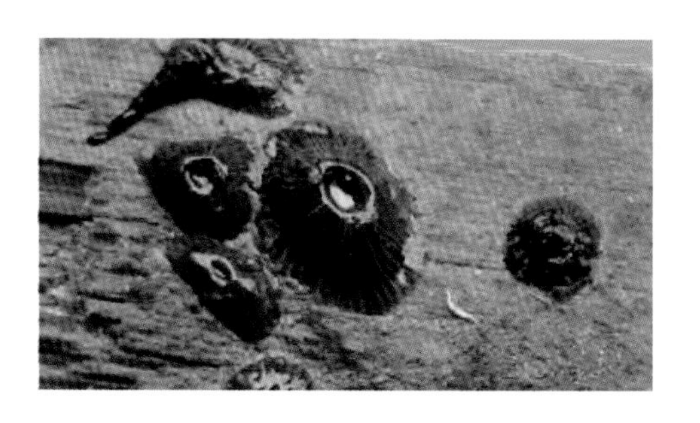

97. 纵条矶海葵（*Haliplanella luaiae*）

98. 可口革囊星虫（*Phascolosoma esculenta*）

99. 海豆芽（*Lingula sp.*）

100. 海地瓜（*Acaudina molpadioides*）